唤醒吧！
职场多巴胺

THE JOY OF WORK

[英] 布鲁斯·戴斯利◎著

Bruce Daisley

尘间◎译

中国科学技术出版社
·北京·

THE JOY OF WORK: 30 Ways to Fix Your Work Culture and Fall in Love with Your Job Again

by Bruce Daisley

Copyright © Bruce Daisley, 2019

First published as THE JOY OF WORK by Random House Business, an imprint of Cornerstone.

Cornerstone is part of the Penguin Random House group of companies.

Simplified Chinese edition Copyright © 2024 by Grand China Publishing House

All rights reserved.

No part of this book may be used or reproduced in any manner what without written permission except in the case of brief quotations embodied in critical articles or reviews.

本书中文简体字版通过**Grand China Publishing House**（中资出版社）授权中国科学技术出版社在中国大陆地区出版并独家发行。未经出版者书面许可，不得以任何方式抄袭、节录或翻印本书的任何部分。

北京市版权局著作权合同登记　图字：01-2023-6239

图书在版编目（CIP）数据

唤醒吧！职场多巴胺 /（英）布鲁斯·戴斯利
(Bruce Daisley) 著；尘间译 . -- 北京：中国科学技术出版社，2024.6

书名原文：The Joy of Work

ISBN 978-7-5236-0568-4

Ⅰ . ①唤… Ⅱ . ①布… ②尘… Ⅲ . ①成功心理 - 通俗读物 Ⅳ . ① B848.4-49

中国国家版本馆 CIP 数据核字 (2024) 第 058319 号

执行策划	黄　河　桂　林	
责任编辑	申永刚	
策划编辑	申永刚　贾　佳	
特约编辑	魏心遥	
版式设计	吴　颖	
封面设计	东合社·安宁	
责任印制	李晓霖	

出　　版	中国科学技术出版社	
发　　行	中国科学技术出版社有限公司发行部	
地　　址	北京市海淀区中关村南大街 16 号	
邮　　编	100081	
发行电话	010-62173865	
传　　真	010-62173081	
网　　址	http://www.cspbooks.com.cn	

开　　本	787mm×1092mm　1/32	
字　　数	184 千字	
印　　张	9	
版　　次	2024 年 6 月第 1 版	
印　　次	2024 年 6 月第 1 次印刷	
印　　刷	深圳市精彩印联合印务有限公司	
书　　号	ISBN 978-7-5236-0568-4/B·171	
定　　价	69.80 元	

每个人都想做自己引以为豪的工作。

职场文化是每个人的责任。

我们所有人都能尽自己一份力，

共同营造一个令人舒适、彼此受益的职场。

是时候重新唤醒职场多巴胺了！

THE JOY OF WORK

比兹·斯通
推特（Twitter）联合创始人

在《唤醒吧！职场多巴胺》中，布鲁斯分享了许多非凡的建议，这些建议可能会让我们在工作时开怀大笑，并真正爱上自己的工作。

杰克·多西
推特和 Square（美国知名移动支付公司）的首席执行官

布鲁斯的《唤醒吧！职场多巴胺》是一本重要的提醒指南，它提醒我们每天都要进行一些简单的练习，以改善我们与人一起工作的方式，这将给个人和团队带来更大的幸福感和更强的执行力。好结果也将接踵而至。

丹尼尔·平克
《驱动力》作者、全球著名商业思想家

只要做 30 个改变，你就可以把你的工作经验从平淡乏味或者更糟转变成充实、有趣甚至快乐。布鲁斯·戴斯利把研究的线索集中在一起，并将它们绘制成一个满是策略的蓝图，这些策略不用依赖最高管理者的决策就能立刻实施并获得效果。你现在就可以开始改变你的工作文化，在个人、团队和组织层面，用这些策略来提高你的工作创造力、生产力和满意度。

卡里·库珀
全球十大商学院曼彻斯特商学院教授

布鲁斯·戴斯利的《唤醒吧！职场多巴胺》具有一种阅读的乐趣。它将最佳工作场所心理学研究转化为在工作中建立创造性和宜居文化的实用方法——这是 95 后的必读之书！

索菲·斯科特
伦敦大学学院（UCL）教授、神经科学家

这是一本温暖、睿智和有趣的书，它对一些科学和故事进行了精彩的总结，这些科学和故事使工作成为人们生活中积极的一部分。从午餐的重要性到笑声的价值，这本书给出了机智而实用的建议。我喜欢它，它让我已经开始改变我在工作中做的一些事情了！

英国《金融时报》月度最佳图书奖

对许多人来说，工作已然变得毫无乐趣，但布鲁斯提供了一些简单的解决方案，任何员工或团队都可以立刻在工作中有更好的感受……布鲁斯有一种本领，能让你知道在日常工作中做一些小小的改变是多么容易。

潘高峰（Andy 哥）

深圳市浩博人力资源咨询有限公司创始人兼首席顾问

这是一本让我放下手机一口气读完的书，读时饶有兴味，颇感惬意，掩卷之余，还颇有回味。作者布鲁斯·戴斯利在书中各有侧重地传授了 30 个工作锦囊，简单易学、行之有效，案例更是详实且生动；易懂的语言、生动的插画及对白，活灵活现。去唤醒自我的职场多巴胺吧，激情、快乐地在工作中自我实现！

刘亿蔓

高级企业 EAP（员工帮助计划）执行师、江西财经大学现代经济管理学院客座教授

职场确实需要主动唤醒"多巴胺"，它会提升你的自信。因为主动，你对事情就会产生一种控制感。当你得到更多的正反馈，你的能量和效率就会变得很高。即使没有产生想要的结果，你对自己的行动有了控制力，一样会产生自信。

王盖盖（Wang Gaigai）

大外交青年智库（GDYT）创始人兼理事长、湾山友俱乐部（WSY Club）创始人、荔林读书会（GD Club）创始人

布鲁斯·戴斯利在《唤醒吧！职场多巴胺》这本书中从 3 个维度出发，描绘了 30 个具体、简单可操作的方法，可以帮助读者解决至少 4 个方面的疑惑：如何打破职场内卷、如何改善工作倦怠、如何提高工作效率、如何增强工作快感，既是一本快乐工作的方法指南，又是一本积极乐观的人生宣言，值得当今中国 90 后、00 后青年好好读一读、看一看！

《泰晤士报》

布鲁斯·戴斯利肩负着改变职场文化的使命，并帮助人们摆脱对手机和社交媒体等数字工具的过度依赖。他的论点颇具吸引力和说服力：新技术非但没有解放我们，反而把我们束缚在了设备和办公桌上，增加了我们工作中的压力和苦恼，却又没带来生产效率的明显提高……布鲁斯可能是带头对领导进行抗议的那个人。

《伦敦晚报》

布鲁斯提供了一些有用的建议和思考方式，让你在不违背内心的前提下，实现工作乐趣和工作效率的最大化。

《平衡》

你可能读到过许多关于兼职和自由职业的好处的文章，但如果你决心在一家公司发展你的职业生涯呢？推特欧洲副总裁布鲁斯·戴斯利给出了一些答案……布鲁斯的《唤醒吧！职场多巴胺》是提供给失意员工的一本宣言。

《红秀》杂志

与职场痛苦作斗争已成为推特欧洲副总裁兼"吃、睡、工作、重复"播客主持人布鲁斯·戴斯利的使命。他的最新著作《唤醒吧！职场多巴胺》旨在让我们再次爱上自己的工作。布鲁斯的书揭示了诸多人们长期以来对工作场所的设想。

30 个简单方法，唤醒职场多巴胺！

　　你干过的最糟糕的工作是什么？十六岁时，我开始在英国伯明翰市中心一家快餐店打工。与如今一米八三的个子相比，那时的我只有一米五五。当时的我非常不自信，加上羞于让别人听见自己变声期的嗓音，因此跟人严重缺乏交流。刚进入职场的我，就连停下来和别人说句话都生怕老板炒我鱿鱼。就像没有学生会坦言自己喜欢学校一样，我也一直认为，想要人们喜欢上自己的工作那简直就是无稽之谈。我要做的就是按时到岗，然后默默地擦桌子。

　　温顺的个性让我成为一名非常听话的员工。有一次我甚至完全按照商店经理的要求，只用纸巾去清理了洗涤槽下的大量老鼠屎。难得有个不用打扫的好日子，我也会被要求穿上连体道具服，跑到街上发打折券给那些伪球迷。

然而说到底，那就是我经历过的最糟糕的工作吗？如今回过头去看，或许是；但在当时来说，并不是。

因为自从我知道了同事间允许聊天后，再漫长、再艰难的日子都变得快乐起来。我清楚地意识到，每天大笑的次数直接影响着我的幸福感。只要还有放松的时刻，我就会感觉到与周围人的联系。比起在家坐等别人发网络动态，将大把时间用来与身边的人磨合，感觉还是要好得多。

之后我陆续在酒吧、工厂、餐厅和宾馆工作过，就在走马灯似的换工作的过程中，我开始注意到一个奇特的现象：最好的工作环境，不一定要有一个可以提出精制计划的、有远见卓识的领导，反而是那些不受领导干扰的企业，内部氛围往往朝气蓬勃。

我逐渐意识到，职场文化并不仅仅是老板文化。它是每个人的责任。我们所有人都能尽自己一份力，共同营造一个令人舒适、彼此受益的职场。

每个人都能推动的"新工作宣言"

史蒂夫·乔布斯有句名言："你得爱上你所做的事情。"显然，知易行难，这种随口说教也往往令人感觉空泛，进而无所适从。如果我们本该爱上自己的工作，却并没有爱上，那我们又该怪谁？怪我们自己？甚至这还可以成为用来对付我们的理由？"如果你真的想要这份工作，你就不会一直嚷着要加薪，嫌活太多，抱怨压力大。不然或许我们该换个真正想来这里工作的人来做。"

尽管我认为把能否从工作中获得满足感的责任归咎于个人是错误的，但我们每一个人最起码也能做点什么来让工作变得更加愉快。问题在于，所有证据都表明，事情正在朝着反方向发展。那个关于"之前的工作远比现在的有趣"的疑惑，在现实中似乎确实存在。很多人都不喜欢自己的工作，内心挣扎，疲惫不堪。

盖洛普咨询公司的一项针对全球劳动力的调查显示，全球仅有13%的员工高度投入工作，并且对自己的工作和工作环境充满热情。而在英国，这个比例甚至更低，仅占8%。

我们深感痛苦，因为在周日早晨，我们都需要查看电子邮件、瞅一瞅智能手机，生怕刚刚听到的信息提示音就是某些突发状况找上门的前兆，这种工作不安感，以及工作对我们自由时间的持续不断地侵占，令我们精疲力竭。

抛开清理老鼠屎的经历，我的职业生涯总体上还算比较幸运。过去十年中，我有幸在谷歌、推特、油管这样的公司工作。再往前，我曾就职于几家对接英国著名名人周刊《Heat》、著名音乐杂志《Q Magazine》、英国音乐广播电台和美国知名美妆品牌 Kiss 的公司。这些公司的工作氛围都很棒，而当我就职目前的岗位并开始亲自负责团队后，每当来访者说他们有多么喜欢我们推特伦敦公司的氛围，或者给我们写邮件咨询一些有关提升工作氛围的窍门时，我感到既开心又自豪。

然而，让我下决心将自己长期以来对工作文化的兴趣转变为专门的研究，其原因还在于我在推特曾有过的一段并不顺畅的经历。那段时间，我的员工们似乎没有像以前那样开心。有的要离职，有的一看就萎靡不振。问题是，我确实不知道哪里出了错，也不知道该如何应对。

在毫无把握的状态下，我决定走也许令人费解的一步，开播客。我觉得通过工作环境的录播，可以采集到组织心理学领域专家们的很多想法——他们对于如何调动工作氛围确实相当精通。

让我惊讶的是，他们的很多回答看似都非常简单。于是我和播客的联合创始人苏·托德一起将这些反馈编辑整合成了一份《新工作宣言》，任何人都可以通过这份简洁明了的关于 8 项改变的清单，来提升自己的工作。

这份宣言的反响异常热烈，警察、护士、律师和银行家纷纷都来联系我们，咨询如何运用这些理念并将其内化到他们的工作中去。

我发现有关如何让工作变得更有意义的科研和调查并不匮乏。只是直击人们日常工作的相关研究似乎不得一见。因此在本书中，我将专家们的智慧进一步提炼成 30 项简单的改变，任何人均可以自行尝试，或者在会议上推荐给团队。

这些改变中有些是我早已熟稔、亲试不爽的经验总结，有些是针对我自身和我从别人身上发现的一些坏习惯的行之有效的矫正措施，另外还有几条似乎严重违背了直觉——但它们确实管用。

无论何种工作，都有助于为我们的生活增添意义。尽管我们或许不愿承认自己对工作的喜爱，但对因工作而创造出的快乐进而引发的自豪感，我们也绝对无须羞愧。

我希望这本书能帮你重新感受更多的快乐。

互联网时代下更加疲惫的员工

当我们感到紧张的时候，创意灵感往往会跑得无影无踪。我们只会求助于之前貌似奏效的任何方法。我们选择重复，而非创新。正如曾经因首张专辑大获成功的摇滚乐队鼓击乐队（The Strokes），在背负来自粉丝、评论圈和乐队自身压力的情况下，推出的第二张专辑只得到一片负面评价。英国《卫报》和美国《娱乐周刊》的记者都曾表示，新专辑试图重复首张专辑的技巧，缺乏原创的新意。

上面的故事为何跟我们自己的工作有关呢？这么说吧，压力正逐渐成为我们职场的正常状态。对音乐家创作过程产生负面影响的那股力量，同样也正悄悄打乱全世界职场中都在进行的日常决策。我们日常工作方式的演变正在渐渐加重这些负面力量。本质上，我们所有人都被两股趋势夹持着，一个是全天候在线，另一个是人工智能。这两股趋势将彻底改变工作的性质以及工作对我们的身心影响。这些趋势都是划时代的，因此我们可称之为大趋势。

大趋势一：全天候在线

过去二十年来，我们被大量的工作压得喘不过气。手机接收邮件彻底改变了我们和工作的关系。无论是在火车、公交还是在沙发上，我们始终被迫和工作连接在一起。我们的工作时间越来越长，尽管没有证据证明我们因此做成了更多的事情。起初，这看起来很棒。手机接收邮件，打破了行业、场所和工作方式的关系。我们可以在任何地方自由地回复信息，这让人真切地感受到了自由。

终于，我们可以坐在舒服的沙发垫子上回复客户的保费咨询；人还在火车上，我们就能向运输公司跟催去科比区的巴士发票；销售负责人也可以将一段视频转给所有组员，那是某个周五晚上从酒吧出来，一位思路开阔的朋友分享给他的。

当时我们所有人都几乎没有意识到，用手机接收邮件，会带给我们更多工作。当然，也没人知道会多出多少。但如今我们已经相当明白了。2012年一项劳工调查显示，英国办公室职员的工作时间平均上升了23%，也就是说每天增加了2小时，从7.5小时上升到了9.5小时。那是实实在在的增加，尤其是，我们得知道，我们的薪资却并未同步增加。更为引人注意的是，除了这些已然增加的标准工作时间，我们内心默认可接受的工作时间还在延长。

美国一项研究发现，60%的职场专业人士工作日每天工作13.5小时，周末额外工作5小时——累计每周在线工作超过70小时。而当我们将自己变得处于越来越随时待命的那种工作状态，雇主们也早已认定那就是该有的一种状态：盖洛普咨询公司开展的一项全球劳动力调查发现，那些希望员工在下班时间随时待命的公司里，有62%确实是那样要求员工的。

正如我后面会展示的那样，事实证明，延长工作时间并无益处。实际上，所有证据都表明，随着工作时间的增加，收益递减法则便开始启动，最先造成的后果就是我们的创造力会受到损害。如此令自己精疲力竭，会让我们到达心理学家所说的"消极情绪"状态（后文将多次提及）。更重要的是，它能将我们喜欢的工作变成我们憎恨的对象。

科学家们表示，除非我们的个人幸福感极强，否则便会开始对工作产生厌恶。同时，令我们精疲力竭的这种"在线"也让我们越发不快乐。科学家们通过检测唾液里分泌的皮质醇含量后发现，下班时间收发邮件的人当中，半数都呈现出了高压力状态。

工作时间增加最先造成的后果就是创造力受损。

大趋势二：人工智能

机器人时代的到来是一个令人担忧的现象，这主要是因为没人确切地知道它会走向何方。自动化似乎确实会对很多工作产生巨大的影响，但因为人工智能理论上是用来应对那些重复劳动的，因此它实际上很可能会引发更大的破坏性后果。

有一个职业领域经常对此进行讨论并表示感到威胁，那就是法律界。为什么？因为大量法律工作涉及研究卷宗并试图从之前的案例中找到先例。换句话说，这是"模式识别"范畴，那些特别经过精心配置的计算机可以快速有效地完成。因此，尽管眼下法律行业看似风光诱人，但有大量预测则显示，法律相关工作最后将被削减一半。很快将由计算机软件来判定"这起法律纠纷与另外一个判决结果如是的案子很类似"。

当然也有乐观主义者。英国皇家艺术学会首席执行官马修·泰勒曾受命英国首相特蕾莎·梅准备一份关于未来就业形势的报告，他告诉我："针对越来越多零售业务朝线上发展所带来的影响，有分析显示这似乎创造了更多的就业机会。

确实，不可否认，如今在实体店上班的人少了。但有大量的人在仓储物流行业工作，这一领域增长的就业人数比起传统零售店流失的人数来要远大得多。"尽管如此，我们也无法完全忽视这个触目惊心的预测，即眼下英国任何一份时薪低于 30 英镑[①]的工作，都有可能摆脱不了被机器人替代的命运。

什么样的工作才不会被替代？

那么什么样的工作不易被替代？相对而言，越是重复的工作，越容易被机器替代。我们必须清楚的是，所谓最难替代的工作，几乎都是那些需要用智慧去解决一系列无法预测的问题的工作。从事这些工作的人们会不断地追问："假如我们尝试这样做会怎么样？""假如我们用另外一种方法包装会怎样？"。保持创造力，你需要每天如此。

---

① 1 英镑 ≈ 8.7664 元人民币。——译者注

创新、智慧、思考，这些是人工智能短期内最难替代的。

第一个大趋势"全天候在线"带来的一个影响人们尚未意识到，即工作正令我们的思想备受煎熬。如今人们普遍越来越焦虑，正是因为人们的工作相较于之前越发紧张。

但是问题来了。假如我们想要在人工智能的影响下继续生存，就需要培育更多工作中的创造思想。然而，"全天候在线"的压力，却令我们思想高度紧张，更加难以保持一颗有创意的头脑。我们进退两难。前面提到过，科学家们有时将这种状态称作"消极情绪"。在本书中，我会给大家展示，有一项历时 50 年的科学研究是如何揭秘消极情绪和积极情绪的不同影响的。

用本书的方法重新找回工作的乐趣

事实证明，改变和提升环境的能力取决于我们自己。我们多数人都不是所在职场的老板。即便我们管理着一部分人，很多关于工作如何开展的决定也仍由高级管理者作出。但那并不妨碍我们对自己的感受、团队内部的互动方式等施加影响。

这本书就是为处于这种状态下的每一个人写的。无论你只能管理自己，抑或你唯一的改革机会就是建议团队集体看一场关于如何提升和改善工作环境的 TED 演讲，你终将能给你自己以及你身边的人的生活带来改变。

本书分为三个部分总共包含 30 个唤醒职场多巴胺的方法。它们共同构成一个关于营造更加快乐的工作环境的完整策划。

在"充能篇"，我着眼于如何给我们自己补充能量。我们如何才能让自己重新能量满满？有什么简单的妙招可以让工作感觉更加可控？我们如何才能从消极情绪转变至积极情绪？

在"同步篇"，我借助大量突破性的科学研究提出如何与你的团队建立信任和良好关系的建议。我的前提假设是你可能并未完全当家作主，即你还没法直接要求与你共事的人做什么。但你也别指望你的老板会懂得如何让情况变得更好。高层管理者们才不会读这样的书呢：他们上的都是价值几千甚至上万英镑的课程。但我见过数十例得到提升的团队，只因某个团队成员被某个愿景和几篇好文章激发了积极性。

"激情篇"则描绘了团队的理想图景：在工作文化中注入一种特殊的激情。我在"充能篇"和"同步篇"提到的一些最令人兴奋的科技来自麻省理工学院的一位极具智慧的思想家桑迪·彭特兰，他给我们示范并展示了所谓成功的团队，不仅活跃，还有激情。我们可以学到如何帮助自己激发职场创造力、活力并取得成就，以及如何才能实现让团队拥有激情的那种状态。

在彭特兰之前，研究者们分析不同工作场景的主要方法是模拟实验室中的相似场景，彭特兰则摆脱了对虚拟再创场景的依赖。相反，他和他的团队创造了"人体计"（People meters）——一种社交测量卡，可与工作证集成后挂在脖子上。我们多数人都很自然地戴着类似的东西，好比进出办公室刷的门禁卡，因此任何人都无须重新调整他们的现有操作。

彭特兰这种升级版的工作卡令他能够研究办公室里真实发生的

一切：人们实际的工作过程，以及那些影响人们决策并对其周边人产生实际影响的因素。同样，通过这张卡，他还能精准识别那些无效劳动。他的发现能帮助我们重新思考我们在办公室的行为，无论是该做和不该做的。在此插播其中一条警示：电子邮件对于现代生产效率的提升几乎毫无贡献。

通过此类研究，我们将找到为你的办公室带去更多激情的方法。选择本书的一部分，读一读，试一试，在团队会议上做分享，推荐给你的朋友。你会发现我们所有人都可以令工作重新变得更有乐趣。

让我们重新开始享受工作吧。是时候重新唤醒职场多巴胺了。

THE JOY OF WORK

CONTENTS

充能篇　　Recharge
让工作更快乐的 12 种绩效提升法

同步篇　　　　　　　　　　Sync

打造非凡团队凝聚力的 8 种策略

激情篇 Buzz

实现最佳工作状态的 10 个秘密

让工作更快乐的
12种绩效提升法

Recharge

从倦怠到突破，你需要一份自救指南

由银行家转型为学者的亚历桑德拉·米歇尔，花了 9 年时间研究在银行业这棵神奇的摇钱树上拼搏向前的投资银行家们。

投资银行并非以在工作过程中给予团队关爱和照顾而著称。数十年来各大投资银行中一直有个不成文的约定：新入职的年轻人每天将工作 15 小时（早 8 点到晚 11 点），以换取跻身 0.1% 的百万富豪之列的机会。

每天工作15小时，你能成为百万富翁吗？

2015 年，高盛集团透露其英国分公司的员工平均年薪为 100 万英镑——由于其中包括了一些低薪支持性岗位，银行家的平均薪水实际上比这个数字还要高得多。而对投行的顶级收入者来说，他们的薪资可能是百万英镑的好多倍。每天工作 15 小时的职场新人或许只拿到了那个最大的工资袋里很小的一部分，但有望未来赚得天价薪资，而这成了他们默默牺牲几年睡眠质量和亲情友情的巨大动力。

然而，我们未必一定要去经受如此残酷的工作时间。我们只要通过观察这种没日没夜的工作给银行家的身体造成的伤害，就可以学到很多。从这之中，我们能发现哪些是我们自己生活中的压力点。

超常的工作时长会伤害我们的身体和精神

米歇尔的研究发现，极端状态下的工作几乎总会对人的身体造成影响，如体重巨变、因压力而脱发、患上恐慌症以及失眠。三四年后，人体健康将严重受损，有员工可能会患上糖尿病，或是心脏、腺体和免疫系统疾病，甚至可能患上癌症。通常，劳累过度的影响在旁人看来显而易见。"她眼皮子总打架。"当被特别问到某位职员时，有位客人这样回答。

精神方面的后果也同样明显，如缺乏与他人的共鸣、沮丧以及焦虑等。事实上，身体和心理影响是相互交织、难以分割的：身体衰竭形成对人的身体预算的一种借贷，而这样导致的亏空会马上被各种成瘾行为填满。

"我认为我是最自律的人。但有时候还是感觉自己完全被身体控制，不由自主地做一些自己都痛恨的事情，而我根本没法阻止。很绝望。"有位银行家说。

另一位正和成瘾行为作斗争的银行家补充道："有时我早上醒来，想起前一天所做的事情时，总希望那只是噩梦一场，然后一心希望冷静地过好新的一天，别让自己再次被身体掌控。"米歇尔的总体结论是，她研究的那些银行家，后来的状态都变得很差。

"我冲向出租车，"有位银行家回忆道，"但车门锁着。司机想要开锁但开不了，因为我在不停地拉门把手。我暴跳如雷，疯了似的不断地拍打车窗玻璃，对着那个可怜的家伙诅咒谩骂。"优步司机看向摄像头，眨了眨眼，给我这个乘客按下了一星评价。

"当你对自己的身体失去感觉，对自己失去同情和尊重时，那么你也会如此对待他人。长年自虐的银行家开始虐人。"一位银行主管告诉米歇尔。

令人担忧的是，这不知疲倦的脚步最终开始浇灭原本该有的一切创意火花。"以前我还有思如泉涌的时候，很容易出些创意。如今我必须花更大的精力，点子常常还不怎么新颖。"有位痛苦的职员这样说。

毋庸置疑，工作负荷的饥饿游戏令银行业的淘汰率极高。一边是毁灭，一边是新生。对大公司而言，输入新鲜血液是个必要过程。这里没法谈太多的同情心，因为数月之后便是次年招新的时候。而毕竟，这也不是新鲜事：银行业几十年来都是这样操作的。这么多年以来，这些过度残酷的行为从未受到约束，事实上，这种行为也就是为了在百万富豪军团中占据一席之地所需经历的屈辱仪式。

2013 年 8 月，美国银行美林证券投资部一名 21 岁的实习生莫里茨·埃哈特因突发癫痫倒地身亡。他的尸体被发现后，同事们反映他已经连续三天没有睡觉。

不过从那以后情况发生了一些改变。银行业集体艰难地行动起来，以改善他们的工作文化。2013 年秋，高盛集团率先要求最新招聘进来的员工遵循另一种作息时间："周六请勿工作。"他们良心发现般地恳求着，并补充说，员工每周工作不应超过 75 小时。高盛的"周六规则"进而演变成一条公司法令，周五晚 9 点至周日早晨，员工不得待在办公室。并非只有高盛如此。瑞士信贷银行也引进了"周六规则"，美国银行美林证券则建议员工每月工作不得超过 26 天。

我的美国同事也许会停下来"剖析真相"。显然这样的事情到处都在发生。我们该为那些踌躇满志的百万富翁感到悲伤吗？还是该为那些淌着鳄鱼眼泪的金融业老板们的良心发现点赞？但无论如何，透过银行业的残酷现象，我们也能看到自己的影子。

几乎可以肯定的是，我们每周的工作时间比银行家们短得多，但如果说他们的工作代价是未来三四年内的身体与精神伤害（有时是不可逆的），那么伴随着我们的工作压力也同样会对我们产生影响，尽管这种影响过程对我们来说相对缓慢。就像银行家那样，我们竭力假装这种伤害不会发生，但我们还是能够识别出一些症状。

职业倦怠症和职场孤独感正在席卷全球

职业倦怠症（Burnout Epidemic）正在席卷全球。当然，大部分雇主并不会想办法去消除员工的职业倦怠。就银行业而言，所有公司都建立在一个"耗与换"（Burn and Turn）的用工模式上。吸纳年轻毕业生进来，让他们每天工作15小时，然后等到他们无法继续坚持时，再把他们扫地出门。这就是"耗与换"的用工模式，即把老人耗尽，再换一拨新人。

但假如超长的工作时间在某些行业中已经存续了好几代人，为何其代价到现在才显现得如此严重？答案是，如今我们始终跟手机捆绑在一起。没错，银行家一直在过度地伏案工作，但在手机出现之前，除去每天贪婪地工作7小时外，剩余时间他们都处于非工作状态。可是如今连那个缓和时间都没有了。渐渐地人们变得无处可逃。面对这种变化，几代人的工作方式走向了消亡。建立在"耗与换"的用工模式上的公司如今也意识到，他们耗换了太多的未来之星。

这便是超过半数的劳动力报告和一项又一项的调查显示的现代职场的状态，人们普遍感觉疲惫或虚脱。

近些年人们发现了另一个新的趋势，那就是职场孤独感在增加。研究者们发现，随着虚脱感的上升，孤独感也愈演愈烈。人们来到办公室，常常坐在一大堆的位子中间，却仍倍感孤独。一项最新调查显示，42%的英国员工在公司连一个朋友都没有。这是种很奇特的现象。在过去，有工作的人比没工作的人更加快乐和满足。我们的工作，无论做什么，都曾给我们的生活带来意义和友谊。

有趣的时间交错，让我们都身处一个科技进步令人应接不暇的时代。假如昨晚错过了某个电视节目，你完全可以坐着公交车在上班路上通过手机补看。通过口袋里的这部工具，你能够与地球上的每一个人交流。我们在憧憬未来的时候，并未想象自己每天会跌跌撞撞地打卡进办公室；我们懒洋洋地躺在阳光里，想象着机器人管家给我们送上圣代冰激凌。

有些事情已然出错，我们若不面对现实，又该如何修复？

此部分的所有方法已被证实可以提升生产力、创造力和工作乐趣

这一部分将带你走上修复之路。"充能"由一系列改善方法组成，它会令你在工作中更加快乐，同时也能帮你把整个工作场所变得更加快乐。这里面充斥着最新的科学研究，你可以将它们分享给你的老板和团队，为提升你的工作氛围建言献策。同时，你不妨将其视为一套提升业绩表现的有效方法。这一部分中提到的所有方法均经过测试，结果均表明它们确实可以提升生产力、创造力和工作乐趣。

我们对工作的理解，在过去的 15 年里取得了极大的进步。通过神经科学、行为经济学，以及"人类分析学"的问世，我们比以往任何时候都更为了解工作对我们的影响，以及我们该如何让它变得更好。你会发现这一部分包含了大量有效的建议。很多理念将真真切切地改变你对工作的看法，且最终令你更加快乐。

曾经的工作远比现在的更有乐趣。但现在的工作我们可以加以修复。我们得接受现实，如今工作对我们的很多要求已经发生变化，而我们得去适应。

充能 1

给自己一个"僧侣模式早晨"

你的办公室长什么样？大多数人的办公室可能会是一个开放式的空间。关于办公室的唯一争论如今逐渐聚焦在了一个点上，即你最终会得到什么类型的开放空间，而这一点通常又会反过来归结到这样一个讨论，即你的老板是否有独立办公室。

谷歌的老板有独立办公室。脸书①的老板坐在会议室门口办公。奈飞公司（Netflix）的老板没有独立办公室。盖璞公司（Gap）的老板有独立办公室，但没有办公桌。

老板们的做法反映了两种互相冲突的因素，一是他们确实希望和团队打成一片，二是在开放式办公区老板确实很难处理好所有工作。

传统意义上的办公室开始消失，因为工作不再拘于形式，很少有公司还在要求我们整天佩戴领带，我们得以做一些更接近真实自我的事情。没有走廊和隔间，则意味着这家公司热衷于创建更加扁平化的组织架构，并不注重管理的层级区分。

① 脸书（Facebook）现已更名为元宇宙（Meta）。——编者注

　　当然，开放式办公室流行的另外一个原因，就是它非常节约办公成本。面对高昂的办公室租金，企业从经济角度能做的最合理的事情之一，就是将所有的办公室隔墙取消。

　　《金融时报》的一位专栏作者援引有关证据指出，在伦敦，公司为开放式办公场所配置的办公桌，在 2017 年这一年的费用就在 15 000 英镑左右，而独立办公室的费用显然要高出更多。因此，对公司来说，它们必须取消隔墙。大型的开放式结构逐渐被各个办公场所接纳。很多开放式办公室最终看上去都非常漂亮和时尚，而开放式结构中的富余空间也可以做成艺术墙或者进行更好的装饰。同时，开放式办公室的自然采光也更佳。

　　不仅如此，有拥护者称，开放式办公室还有助于营造更好的工作氛围，如同事间一次偶然的相遇，或是隔着各自的办公桌交流并产生愉快的共鸣。苹果公司的设计主管乔尼·伊夫，在谈到公司在加利福尼亚新建的可容纳 13 000 名员工的办公室时，称其愿景为"开放包容、自由行动的宣言"。他告诉《连线》杂志："建一座楼，让如此多的员工能够相互接触、合作、散步、沟通，这就是成就感。"

开放式办公室，生产力不增反减

　　这个乌托邦式的观点只有一个问题，那就是事实并非如此。开放式办公室被人们研究了无数次，结论始终如一：就生产力方面来说，它就是灾难。以一家油气公司的调查报告为例。"心理学家分别在换开放式办公室之前、换后四周和换后半年，对员工的环境满意度、压力程度、工作表现以及人际关系做了评估。"该报告的序言写道。

他们发现结果并不乐观："无论从哪个维度而言，员工都觉得深受其害：新办公区隔得四分五裂，令人紧张而心生厌恶，另外它也并未让人觉得彼此更加亲近，相反，同事之间更觉疏远，认为对方令人不悦甚至令人憎恨。最终公司的生产力下降了。"

另一家公司的调查显示，员工切换至开放式办公室后，彼此间互发邮件的比例上升了56%，而面对面交流的频次降了三成。新西兰一项调查发现，开放式办公室不仅增加了对员工的要求，而且也使得同事间的关系不如之前友好，这也许是他们无法正常开展自己的工作而感觉压抑沮丧导致的。

乔尼·伊夫在展现苹果公司开放式办公室的梦想时，用非常美妙而令人振奋的语言进行了粉饰。然而在这件事情上，很多员工并不认同。事实上，据《硅谷商业期刊》报道，一些最资深的工程师还是愿意选择在独立办公室办公。报道称，很简单，开放式办公室里的噪声和干扰，与创造了世界闻名产品的苹果团队的工作方式不符。

极少有证据显示人们喜欢开放式办公室。比起在只有几个人的办公室办公的员工，在开放式办公室办公的员工请病假的次数要多得多。有报告称，在工作的时候，持续的干扰，意味着平均每3分钟员工就会被打断一次：同事突然的发问、无意听到的对话，更不用提其他那些所谓现代办公室生活的干扰了。要知道，按专家们的说法，一个人被打断后，重新进入专注状态需要的时间高达8分钟，其中浪费的时间总量是相当可观的。另有专家曾表示，要完全进入高度专注的状态，所需的时间可能高达20分钟。

事实上，人类并不善于切换注意力。有项针对软件工程师的研究发现，假如一个工程师同时开展 5 个项目，那么他 75% 的时间都浪费在项目间的注意力转换上，而对每个项目的专注度仅剩 5%（表 1）。

表 1　项目数与专注度关系表

同时进行的项目数	注意力转换损失时间占比	对每个项目的专注度
1	0%	100%
2	20%	40%
3	40%	20%
4	60%	10%
5	75%	5%

商学院教授苏菲·勒罗伊介绍了其中的原委。"人们为了转换注意力，全心投入并做好另外一项工作，就需要先停止思考手头的工作，"她解释道，"然而各种结果表明，人们很难从一项未完成的工作中转移注意力，于是另一项工作的表现就会大打折扣。"

勒罗伊说，当我们将注意力从一项工作转换至另一项工作时，当中有个"注意力残存"的过程。比如从回邮件转换至做演示文件过程中，我们还会有一半的注意力在思考回复的邮件内容是否合适，抑或老板何时会回我们邮件。结果我们花了更长的时间做了一件并不彻底的事情。一些科学家甚至表示，当我们内心同时想着多件工作时，我们的智商会下降 10%，甚至会有点精神恍惚。

在不被打扰的心流状态下才能取得重要进展

持续的打断和干扰也让我们感觉成功完成的事情越来越少。这对我们的个人价值感有重大影响。心理学家特蕾莎·阿玛比尔对此进行了大量的研究，证实了当人们自信自己在某些事情上取得了进展时（不是疲于应对海量的电子邮件，而是专注于某项单一任务），他们才会在工作中有满足感。

这便是被美籍匈牙利心理学家米哈伊·奇克森特米哈伊称作为"心流"的概念。用奇克森特米哈伊的话说，心流是指"完全专注于一项活动而心无旁骛。彻底忘我。时光飞逝。就像演奏爵士乐，你的每一个行动、动作和想法必然是前一个的延续。你全心投入，用尽浑身解数将工作做到极致"。

阿玛比尔注意到，心流状态事实上无须持续很长时间。短时间的专注通常就能带来收益。她让志愿者们记了 9 000 多篇工作日志，通过深入研究，她和她的团队发现，每次被其研究对象记录为开心的那一天，他们无一例外都在各自想要完成的工作上取得了颇具意义的进展。在那天，他们都有一段时间大脑会腾出部分空间，然后思如泉涌。

正如有位参与者描述的那样："那天我能够专注于手头的项目，其间没有任何事情打断我。而之前因为闲聊等各种事情的打断，我根本无法有效完成任何工作，最终不得不另外找个房间把部分工作做完。"没有干扰就能保证安静，保证安静便能进入心流状态，进入心流状态才能取得工作进展，取得工作进展方能收获满足感。

这似乎与我们今天常被教导的创造力背道而驰：创造力是集体努力的结果，事关团队。在某种程度上当然如此，集体讨论普遍发生在专门为此而设计的开放式办公室中。然而有意义的工作更有望在孤独状态下完成。"在办公室我没法完成任何工作""我到办公室的时间比任何人都早，因为这样我才能安心做好我的工作"，假如你曾对自己说过类似的话，那么这表明你也默认了这一点。

每周两次"僧侣模式早晨"，捍卫深度工作

作家、学者卡尔·纽波特对"心流"一词的概念也有他自己的术语解释——"深度工作"。他将其定义为"在完全不受干扰、全身心投入的状态下开展的，并因此能最大限度提升你的认知能力的专业活动"。而且他有如何实现这一点的操作建议。

"我注意到越来越多的企业家，尤其是小型初创公司的首席执行官们，"他告诉我，"他们开始实践我所称的'僧侣模式早晨'（Monk Mode Morning），他们说：'无论任何人，都只能在上午 11 点或中午 12 点后才能找我，在此之前，我不参加会议，不回复邮件，也不接听任何电话。'他们全公司上下都导入了这种理念，将每天的上午定为深度时间。另外半天处理其他事务。"

这一方法和阿玛比尔的建议一致，阿玛比尔建议我们采用一种复合工作模式——安静时间和混合时间相调和。在他看来，做好有意义的工作，"意味着无情捍卫工作周里相对封闭独立的工作空间，保护员工免受那些组织生活正常状态中会产生的干扰和打断的影响"。

试试这个方法怎么样？试试告诉你的团队，比如，每周三和周五你都要上午 11 点之后再到公司，因为在此之前，你将在家里处理一些工作。我在推特伦敦公司的一位同事大卫就尝试了一次"僧侣模式早晨"。

将上午定为深度工作时间，拒绝打扰。

大卫上下班单程要花可怕的 2 小时。他认为在上下班高峰期坐火车去伦敦根本就是浪费时间：你不仅占不到一张小桌板，还得跟陌生人紧紧地挤在一起。因此他选择搭乘稍迟一点的那趟火车，在这趟火车上，他可以坐在小桌板旁，然后专注处理那些深度工作项目，而非收发邮件和工作群聊。

计划搭乘"晚班火车"的那几天，他可能没法在上午 9 点半到达办公室，然而等他到达办公室时，他的"僧侣模式早晨"已经让他完成了 1 小时或者更长时间的宝贵的深度工作。

知名广告人、奥美互动执行创意总监罗里·萨瑟兰德的想法甚至跨越得更远。他的观点是，我们根本不应该到办公室处理邮件。我们上班只应与员工沟通和会见客人。他说在之前的办公室生活里："你上班得复印资料、写文件、编辑演示文稿、发电报，甚至打国际长途电话——你到办公室打，主要是因为它得花费 29 英镑，而你不想让这项支出挂在你自己的话费单上，因为它无法报销。于是办公室满足了很多需求。一旦你离开办公室，你能做多少工作便有了一个局限，因为这时你并不能用铅笔和纸工作，而是仅能大致思考。"

但是现在："办公室曾经具备的功能，90％的家庭中已经具备。假设你家中有合适的网络环境，你就会马上提出这个问题：'那办公室现在还能做什么呢？'"他的观点是，假如你想让自己最大限度地变得高效和充实，那么仅是坐在电脑前处理电子邮件的工作方式是错误的。你应该与人见面交流，无论是提前预约，还是偶然碰见。"而我始终注意到有个问题，"他说，"那就是如果你总是在处理邮件，你便无法偶尔与人碰面交流，因为这本质上就是一种反社交行为。"

假如让工作变得更加开心和满足的部分秘诀，在于你实实在在地完成手头工作的那种感觉，那么每周两次的"僧侣模式早晨"或许能让你和你的同事达成所愿。所以为何不将它推荐给你的团队呢？

回想一下最近一次你比较满意地完成工作的情形。你是否有办法为下一个工作任务创造同样的条件？你需要拒绝和排除些什么？抑或你将如何每周给自己两次、每次 3 小时的无人打扰的工作时间？

多数人发现僧侣模式在上午的效果最好，但或许对你来说，下午更管用。

当你进入僧侣模式时，应努力避免一切干扰和被打断。那意味着你需要把你的手机调成静音，并且退出邮箱。

记录下你在"僧侣模式早晨"时取得的成绩。这可能会有助于你说服反对者去试用这个智慧。

假如你发现这个新方法不管用，不妨在一周里换个时间段或工作日再试试。

充能 2

来一场 Citywalk 会议

　　当你坐在办公桌前或关在会议室里抓耳挠腮想主意时，起身散个步似乎就是一种分心。因为稍作休息的结果便是工作一点没少，时间却少了很多。但其实当我们活动身体的时候，很容易会有一些神奇的灵感。对很多人而言，散步是理清思绪、活跃创意神经的最佳方式之一。正如 J.K. 罗琳所言："没有比晚间散步更能给你灵感的了。"

　　同为作家的查尔斯·狄更斯，他无论如何都称得上是一位超人般的多产作家，写了 15 部长篇小说，数百篇短篇，还编辑着周刊。狄更斯每天都会持续高强度专注工作 5 小时，即从上午 9 点到下午 2 点，而在完成深度工作后，狄更斯会走 10 ~ 12 英里 ① 路。"不然我保证不了我的健康。"他声称。

　　也许哲学家索伦·克尔凯郭尔表述得最为精彩，"我走着走着就走进了最佳的思考状态，"他写道，"而我也知道，再烦恼的思绪，你走着走着也就走没了。"

---

① 1 英里 ≈1.61 千米。

科学证实：相比坐着，散步能极大提升创造性思维

这一说法有确凿的科学证据吗？这正是斯坦福大学的玛瑞莉·欧佩佐和丹尼尔·舒瓦兹研究的内容。在实验过程中，他们采用了一系列广为认可的创意测试，比如"替代使用"，即以一件物品为对象，要求人们提出富有想象力且又适用的其他用途。

比如，有位志愿者面对一把钥匙，受其大致像眼睛一样形状的启发，他建议可以将其用作一只新的眼睛，这当然不能被视为"适用的新意"，而很快另外有人提议，说一位被谋杀即将死去的受害人可用钥匙将凶手的名字刻在地上，这就能算"适用的新意"，尽管这的确招来了一起接受测试的其他同伴们的异样目光。这些测试后来还尝试了各种不同的方式：一种是让人们先坐着回答，再边走边回答；一种是让人们先边走边回答，再坐着回答；还有一种是让人们一直走着回答或者一直坐着回答。

欧佩佐和舒瓦兹发现，散步能极大提升创造性思维：事实上，81%的参与者在散步时提出的创造性建议的得分远比他们坐着时提出的平均增加了60%。他们对此的解释是，在创造性思考时或在此之前进行有氧运动，能有效活跃思维。事实证明，在激发创意方面，散步极有助益，尽管它不是解决复杂的逻辑难题的最佳方式。

正如科学家们所言，散步或许对聚合思维无所助益，比如找到某个问题的"正确"或标准答案；但它对发散思维而言却是个强大的工具，可以帮助你闪现新奇而富有想象力的点子。更可贵的是，这种强大的作用力会持续很久。在需要提供创造性想法之前选择散

步的志愿者，后续测试中的得分比那些始终坐着的高得多。

散步的地方也会产生有利影响。2012 年公布的另一份研究报告指出，在空旷地带散步 50 分钟有助于集中注意力；在自然环境中散步，有益于净化我们的感官，让我们后续得以以彻底放空的心态回归工作。

散步会议：向你的同事倾诉困惑吧

散步不仅仅有助于你思如泉涌。它还是一种开会方式。克里斯·巴瑞兹布朗主持着一家叫 Upping Your Elvis 的领导力培训公司，在激发领导者更大的创造性思维能力方面颇有盛名。他坚决认为，散步带来的创造性思考力，在用于团队时同样具有巨大影响。他的公司采取了一项叫作"户外散步"的流程，帮助员工疏通潜意识里的心理障碍。

巴瑞兹布朗的方法是让人们成对出去短时间散个步，通常都不到半小时。散步期间要求其中一人大声讲述他们面临的两难之境。他说人们起初还是比较怀疑的："我愿意试试，但我没法想象这会有什么好处。"然而，"半小时后他们回来说，'哇！真是出乎意料！我现在清晰多了'。"巴瑞兹布朗认为这一方法的能量来自我们在"大喊大叫"时通过规整毫无头绪的思想进而获得的全新观点。

"我们很少有机会毫无准备地谈论我们的生活。"巴瑞兹布朗表示。然而，当我们肩并肩和他人散步时，却似乎能够重新组织思想并焕然一新地表达了。在有些情况下，半小时是合适的，但在巴瑞兹布朗主持公司的非现场会议时，他更倾向使用的技巧是让人们出去 7.5 分钟：一个人听，另一个讲。"通常当人们回来的时候，他们会对自己一直在关注以及困惑的事情感到更加清晰。"这种交流方式，促进了他们生成创意的发散思维，同时也促进了一定的聚合思维。

和同事散步时，你可以大声讲述工作中的两难之境。

当你想要找个方式让今天的工作变得不那么压抑，抑或你想理清自己的思绪时，你可以从你的办公桌前起身，去户外走几步，相信我，这是一个不错的主意。用哲学家弗里德里希·尼采的话来说："一切真正伟大的思想都是在散步时构思而成的。"

提议和同事开个散步会，代替常规会议。

鉴于某些因素，开始预期不要太高。起初的一些尝试，效果可能不太理想，但请坚持下去。

记住，可能会有一些人比较乐意接受你的建议。但事实证明也会有人比较敌对它，从而打击到你的体验。不要把好的科学方法用在不合适的对象身上。

尝试不同长短的散步时间。克里斯·巴瑞兹布朗的"户外散步"时段为 7.5 分钟，已足够驱动我们的发散思维，然后让我们重新坐下，回归专注思考。

充能 3

在办公室活用耳机

准不准用耳机，确实能区分不同的办公室文化，不是吗？

在你的办公室，有没有关于耳机的"微词"？各大人力资源论坛上不同年代的人们之间有着巨大分歧。年轻人倾向于拥护；老一辈则持怀疑态度。在《哈佛商业评论》的一期文章里，尼克国际儿童频道前任老板安·克里莫在表达自己坚决反对耳机的态度时，为很多辩论中的守旧派摇旗呐喊。她辩驳道，在职业生涯早期，假如她佩戴耳机，那么一旦有某个绝妙话题在办公室传开时，她可能就会因关注其他事务而错过了"大家最嗨"的时刻。

事实是，由于英国职场权力是排资论辈而非平均分配的，千禧一代（Millennials，指 1984—1995 年出生的人）和 95 后（Gen-Z）喜欢的很多事物不被老板们喜欢，并常常因此受到指责。佩戴耳机便是年轻一代员工受到指责的原因之一。有人误以为，在没有耳机的工作场所，便会有苏格拉底式的热烈对话，同事们会在白板上奋笔疾书，记下关于来年规划的各种深邃的想法。但其实，允许和禁止佩戴耳机的两种办公场所，其氛围十分相似。

耳机本质上是一种应对机制：它们能帮佩戴者免遭办公室里的各种干扰，不然人们定会时不时被打断。正如苹果公司的工程师们不愿坐在开放式办公区一样，戴耳机的员工也希望将自己和外界隔开。巧的是，在那些广阔的美式开放式办公区里，用耳机或其他方式隔离恼人的外界刺激的员工已不在少数。

在我看来，耳机不该被禁。相反，它们应该被接纳，并且就像我们迎接节日一样。接纳并不意味着我们要一直戴着，而是说选择一个时间段。我们对待耳机的最佳方式是，允许使用的时候才佩戴，团队不建议使用的时候便摘下。假如你的办公室不愿采用"僧侣模式早晨"，或提供不了一个可以让你安静工作的环境，那么使用耳机的最佳时间便是早上。能在一天最初的几小时里搞定工作，非常符合多数人的生理节奏。

相对而言，午餐前后的 2 小时里最好不使用耳机。那是一天中同事间交流、分享和讨论的时间。如金宝汤公司的前任老板所言，"这些成千上万的小小干扰不会占用你的工作时间，因为它们本身就是工作。"假如你在一间隔音的拐角办公室办公，这么说当然很容易，但过去 10 年以来工作中的干扰之盛，恐怕连汤界大亨也会手足无措。

需要创意的时候，分心对你来说也许是件好事

我曾一度只关注不被打扰的好处，但其实我们也值得停下片刻，先把这好处放一放。因为虽然有证据证明干扰对于认知和解决复杂

问题非常致命，但它们对创造性思维却非常有帮助。有鉴于此，那么正确使用耳机的管理体制便可以再次发挥重要作用了。

现在很多人已熟悉右脑和左脑思维。或者他们可能也听说过行为经济学家丹尼尔·卡尼曼所谓的"系统一"（快速的本能和直觉判断）和"系统二"（缓慢的、经过深思熟虑的反思）。值得注意的是，很多科学家已习惯用这些简化的术语来解释不同的行为模式，其实既没有承担特定任务的所谓左右脑，也没有所谓大脑的快慢区。

正如大脑研究领域领先的思想家莉莎·费德曼·巴瑞特提醒我们时所说的那样："卡尼曼非常谨慎地说这是个比喻，但很多人似乎对此置若罔闻，仍将系统一和系统二简述为大脑中的区块。"

令我们感到沮丧的是，大脑的运行处理过程远比我们所乐意接受的复杂得多。有观点认为，大脑中有专门处理极其精细的任务的特殊脑神经元。比如有一项研究声称，有一种似乎是被女喜剧演员詹妮弗·安妮斯顿广泛触发的脑细胞；而神经元经济学最新开辟的领域一直在试图找出哪种脑神经元会令我们作一些特定的决定。

相反，费德曼·巴瑞特则认为，即便大脑真的会按比如说一个女喜剧演员的概念分配一个细胞，那个细胞在不同大脑中所处的位置也各不相同。我们的大脑具有各种网络，负责履行各种功能。

举例来说，假如我们想集中精力工作，便要启动"聚合思维"，按学者们的说法，我们定将启动"执行注意网络"（Executive Attention Network）。大脑中的这个系统能让我们排除干扰并全神贯注，便于我们处理电子邮件。反之，假如我们想发挥更多的想象力，即启动"发散思维"，我们则需要弱化一直聚焦的"执行注意网络"，让默认和显著网络（Default and Salience Networks）取而代之。

"显著网络"观测周边刺激，预测其对我们行动的潜在意义。"默认网络"在我们做事时并不参与，但当我们回忆过往或者想起其他事情时，它便会活跃起来，它是大脑做白日梦的源头。同时启动大脑这两部分的一个方法，正如我在前文中指出的那样，便是散步：玛瑞莉·欧佩佐及其同事已向我们证实，这个方法非常有益。尤其是说到创造性时，我们必须得让思想天马行空，而在我们的"执行注意网络"高速运行时，天马行空就很难办到了。通过做一些非连续性的事情，我们往往更容易进入发散思维。

关于创意是如何产生的，广告界大亨罗里·桑泽兰德说过这样一段话："我注意到阿基米德是在脚踏进浴缸那一刻想到那个概念（阿基米德定律）的，而非是在他坐进浴缸之后。因为当你处于两个衔接动作之间的时候，总会倾向于关注那个衔接本身。总有那么一些神奇的短暂时刻，我们的工作会感觉特别高效和愉悦。仿佛你把大脑训练得完全不受那些平常挥之不去的各种假设的束缚了。而暂时没了这层束缚，你便顿时有了某些创见或神奇的飞跃。"

换句话说，当大脑中的"显著网络"和"默认网络"忙于进行大量日常管理时，思想就会发散至意想不到的地方。同样地，科学家研究创造力时发现，那些易受无关刺激干扰的人们反而能提出更多更好的创意。所以需要创意的时候，分心对你来说是件好事。

哥伦比亚大学的三位研究员为这个观点提供了进一步的证据，他们的研究证明，当我们努力想要更有创意地解决手头问题时，转移一下注意力会比始终聚焦在单一事情上更有成效。研究员们给了三组人每组各两个需要解决的问题。第一组必须先解决第一个问题，然后再处理第二个。第二组被要求按照预定的时间间隔同时来回处理两个问题。第三组则被允许按照自己的意愿分配时间。

多数人以为，可按其自认为合适的方式自由分配时间的那组，将会提交最佳的问题解决方案。而事实上，取得最好的结果的，却是以固定间隔时间在两个问题之间来回切换的那组。为什么会这样？哥伦比亚大学的研究小组做了如下解释："因为一旦解决问题时需要一些创造性的东西，我们往往会不知不觉地踏进了一条死胡同。我们发现自己始终围着同一堆无用的想法打转，却不知道何时该朝前迈进。"他们的结论是，需要在两个问题之间以设定的间隔时间来回切换的那组，发现自己在这个过程中重新调整了思维路径，找到了新的角度和方法。

这一研究发现并非一个孤立的试验结果。研究员史蒂文·史密斯、大卫·格肯斯和热纳·安热勒曾要求受试者罗列词条，他们每次给受试者两个词条类别，比如"冷的东西和重的东西"，或者"你露营时用到的物品和使人发胖的食物"。结果发现，相比那些专注列完一类再列另一类的受试者，选择在两个词条类别之间反复切换进行的受试者能列出更多、更有创意的答案。

戴着耳机深度工作，摘下耳机进入创意时空

1939 年，美国广告界大亨詹姆斯·韦伯·扬写了一部人类创造力之路的经典指南：《创意的生成》。你只需花一杯咖啡钱，便能从网

上下载或买到这本给人启发的小册子。

韦伯·扬在文中提醒我们关注一个大家早已熟知的概念："创意的产生无非是一个众多旧元素重新混合的过程。"他说，当我们看准机会将两种想法混合起来时，创意便形成了，"当中涉及的第二个重要原则是，将新旧元素混合起来的能力，很大程度上取决于发现相互之间联系的能力"。在这个观点上，这位广告大师比史蒂夫·乔布斯超前了 50 多年。

乔布斯也曾表达过惊人相似的观点："创意就是关联事物。当你问那些创新的人们具体是如何创新的，他们会有点负罪感，因为那并非真的是他们创造的，他们只是看到了某些关联。这对他们来说明显是一件很快便能看得一清二楚的事情。那是因为他们能够将自己的经历和新的事物进行合成。"

那么詹姆斯·韦伯·扬生成创意的著名技巧是什么呢？以下是三个简单步骤：

1. 收集素材。理想状态下，材料越丰富、越有趣刺激越好。韦伯·扬告诫我们这可能会是个吃力不讨好的过程。他提醒道，正因为这个过程通常非常枯燥，因此我们必须努力避免下面的情况："大家只是干坐在那儿期盼灵感的召唤，而不主动去系统性地收集素材。"

2. 消化材料。韦伯·扬最喜欢的办法是将其填入小索引卡。"接下去需要做的，可以说是用你心灵的触角，去完整地消化和感悟自己收集的那些不同材料。拿起一份材料，通过各种角度和光线加以观察，体会它的意义。抑或将两份材料放在一起，思考它们该如何匹配。"很快你的大脑将疲惫不堪："你会因拼命想把很多东西拼到一块儿而精疲力竭。"

3. 无意识加工。"到了第三步，你本质上绝对无须做任何直接的努力了。把事情完全放下，将脑中的问题尽可能悉数抛开。"韦伯·扬甚至证明了睡觉亦有助于我们生发创意。等你把问题放到一边之后，"把注意力转向能刺激你想象力和情绪的地方"。比如出去散个步，听听音乐，看部电影。

韦伯·扬说，做完那些令人沮丧的准备工作之后，"创意不知不觉便会出现"。在你停下来不去思考手中的难题时，创意反倒常常会找上门。"它总是在你最猝不及防的时候出现在你脑海里，比如在你刮胡子、泡澡的时候，抑或很多是在早上你半睡半醒之际。"

无论是成熟的创意生成评价系统，还是前面提及的各种科学探索，体现的都是相同的思路。创意的形成，是两种或两种以上想法碰撞的结果，而当我们面临挑战又容易分心时，那种碰撞便越有望发生。这便又有了耳机的用武之地：戴着耳机处理完一些严肃的事务性工作之后，我们正好可以摘下耳机进入创意时空。

假如你想尝试这个实验，或许得先和团队做个讨论。将我之前罗列的某些证据和研究结果摆上桌面。解释一下什么叫深度工作，以及那些想法的形成过程。然后请你的团队建立自己的参与法则。也许你们还需要一个触发器：比如在中午时分将收音机节目当背景噪声，以此作为一种激发因素？又或者你们打算将午饭后那 90 分钟

戴着耳机深度工作，摘下耳机进入创意时空。

作为聊天时刻？正如前面几个科学实验所示，比起每天想到哪儿做到哪儿，一张严谨规划过的时间表能激发更好的结果。

职场分析公司 Humanyze 的老板本·瓦贝尔指出，这种日常交流的某些方式在多数公司早已初具形态。"一天中大部分时间里，除去午饭前后以及人们临下班前，用于专注工作的比例在增加。"他说他看到的办公室聊天已经不计其数，"中午 12 点到下午 1 点以及下午 4 点之后，员工们的互动超过三次（在开放式办公室中），但在当天其他时间段里，他们的对话次数则显著下降。"

一项针对办公室交流的独立研究显示，下午 2 点半至 4 点是最喧闹的时间段。人们似乎最倾向于在下午聊天沟通。你可以参考以上信息做工作日规划，确保既能掌控事务性工作，又有时间激发创意。那么耳机则可以成为你的秘密武器。

多巴胺工作法

记住，人们常常对耳机有激烈的看法：要么爱，要么恨。因此在做任何事情之前，先跟同事沟通你的想法。务必搞清楚他们在什么时间段最乐于接受在办公室里使用耳机。

假如你们用的是笔记本电脑，那就利用其移动便捷性，在办公室开辟耳机区域和聊天区域。有些团队在聚到一起并肩工作时，会选择听新闻主播播报新闻。

假如你属于不喜欢耳机的那类人，那也请不要仅仅因为怀旧，而想要回到那个如今早已过时的工作模式。相反，你应该想办法让现在的办公室充满活力和效率。

充能 4

消除匆忙症

有人告诉我他们小时候看到的父亲的奇怪举动：下班回到家，坐在椅子上。只是那样坐着，不看电视，不听收音机，不看书，也没有想要和任何人聊的意思。他只是那样坐着。静静地思考着。我估计假如你问在想什么，他会平静地回答"没想什么"。

放在如今，这种消极举动会被视作工作效率极端低下的表现。我们得把所有事情处理妥当，在这个激情澎湃、活力四射的年代，坐在那里什么都不做，大家只会认为这是在野蛮地虚掷光阴。我们都患上了匆忙症。正如管理学上的一句老话所言："假如你想某件事能完成，就把它交给那个最忙碌的人。"我们相信行动才有结果。

信息量太大，生怕忘了任何事？

2004 年，《纽约时报》曾经报道，行人欲在高峰时段穿过川流不息的马路时，按人行道边的通行按钮根本毫无反应。他们能看到面前的信号显示屏亮着，但那只不过是种心理安慰而已。精心调校过的交通系统，是为了缓解集中交通流量，而非满足火急火燎的行人的通行需求。我们身边到处都是一些具有欺骗性的设施，以安抚我们急着想要将某些事搞定的烦躁。

这是匆忙症在作怪。我们的生活充斥着全方位的过度刺激，其后果之一，便是人们感到躁动不安，始终觉得无法完成自己该完成的任何事情。日益增长的联系让我们在工作中产生了更多期待。根据位于美国加利福尼亚州的瑞迪卡迪集团的调查，每位员工平均每天差不多要收发130封电子邮件。由于该数据源自对全球28亿电子邮件用户的使用习惯的统计，因此对整个西方办公室职员而言，每人每天收发邮件的数量很可能接近200封。

另外说到会议。多数公司对花在会议上的时间不会做很精确的记录，但近来多项调查显示，英国办公室职员平均每人每周要花16小时跟同事开会。而在美国，有研究发现，管理者们每周围坐在会议桌前的时间多达23小时。

不光光是电子邮件和会议。如今我们每个人处理的信息量庞大得令人昏眩。《有组织的大脑》一书的作者丹尼尔·列维京声称："美国人在2011年每天接收的信息量是1986年的5倍，这相当于175份报纸的信息量。除去工作，在我们的业余时间里，每人每天大约要处理10万字的信息。"

这种现状导致的最终结果便是，我们多数人发现自己长期处于忧虑状态，从未有做完任何事情的感觉。我们的父母那代人，如果手写备忘录上还有几样未完成的工作，他们或许会觉得不安。而如今我们甚至连看到"收件箱无新邮件"的短暂喜悦也都已感受不到，取而代之的还是那份每时每刻都生怕自己忘了处理的事情的责任感。

匆忙症是真正的前提条件，专门研究职场压力的研究者们发现，那些觉得应该全天候处于工作状态的人们的焦虑值上升得很快，原因即在于此。在英国，与工作压力相关的疾病同期占了一半。工作压力和工作要求令我们的身体越来越糟糕。

打破紧急性的"暴政"，创造时间管理的奇迹

那么我们该如何阻挡这种强烈的急迫感呢？我认为首先是要意识到，持续忙碌并不等同于能够实现更多目标。"我们以前每周只开一次会。"一群非常成功的英国建筑师对我说，"一个会解决所有问题。然后大家继续工作。现在是会山会海。"他们得出的结论是什么？"对公司而言，我们还是造同样数量的房子。只是这个过程痛苦了不少。"

一旦你意识到忙碌不代表一切，那么下一步就是校正事情的紧急程度。那个耳熟能详的缩略词 ASAP（As Soon As Possible，尽快）只会给办公室制造一种不必要的焦虑。正如软件公司大本营的创始人团队所言："ASAP 是可以无限放大的……不知不觉中，做好任何一件事的唯一方法就变成了朝上贴一张 ASAP 的标签。"下次当你发现你在紧急要求某些事情时，你得问问自己是否真的需要 ASAP。假如能让某些事情变得不那么紧急，那你才是在更真诚地面对自己，在帮忙为别人构建一个更好的工作环境。

在此基础上你得花时间反思，但反思时什么都不要做。片刻的

宁静会减少你的压力。此外还会激发你的创造力。中央兰开夏大学的桑迪·曼恩博士是研究"无聊"的专家，她坚持认为，我们应该利用"默认网络"的力量。"一旦你开始做白日梦，完全放飞你的思绪，"她说，"你便会超越自主意识、进入潜意识。这能触发各种不同的关联。事实上，这种感觉真的超棒。"

忙碌并不等于高效。从紧急性、重要性和意义三个维度衡量优先级，你才能为当下和将来都做出正确选择。

换句话说，当我们的大脑进入"默认网络"模式，它便会联通不同的想法。它将人的精力从在各种较劲的紧迫要求间不停切换的状态，转换至愉悦幻梦里的闲庭信步状态。为了实现这一点，你必须实实在在地让自己处于无聊状态。不能玩手机，也不能听有声书，以免思绪受到刺激。

相反，假如你被匆忙症打败，你会发现自己可能进入了某个恶性循环。"我们发现，人在压力下容易加速切换注意力。"开展这方面研究的格洛丽亚·马克博士说。毫无疑问，越是不停地切换注意力，你的压力就越大。它对人们造成的长期影响简直惊人。科学家们关注过那些长期晚上浏览手机上的各种社交软件以寻求刺激的人，发现这对他们的思维造成了无声的打击："两年后，他们在面对自己的未来和处理社会问题时，创造力和想象力都变得更加不足。"

　　所以，父亲坐在椅上并非什么都没干，他一直在思考，希望找到绝妙的灵感。

不工作的时候别去翻看自己的以及别人的日程表中的空档。我们最好的创意常常来自我们静静坐着、任思绪天马行空的时候。

试试开车的时候不听音乐，洗澡的时候不听电台。看看什么样的想法会进入你的脑海中。

给自己一点什么都不做的时间。事后问问自己的感觉。是不是觉得不再那么焦虑和紧张了？

你会发现沉思对自己很有帮助——对有些人而言，它能驱散重重担忧，开创心灵空间。

充能 5

缩短每周的工作时间

作为职场人员，你们真的有必要关注一下安迪·穆雷说的话。这是一位生活在英国的最伟大的网球天才，令他马失前蹄的某些事情，能帮你从另外一个角度审视你的工作方法。

2013 年，当被问及为何越长的比赛越是难打时，他解释说，如此高的挑战性倒不是因为对体能的高要求，毕竟运动员刻苦训练就是为了锻炼强大的耐力。问题出在你需要做成千上万次的决断而导致的心理疲惫。某种程度上说，一次决断失误便是痛苦的开始。

正如丹尼尔·列维京在《有组织的大脑》中声称的那样，我们能做的总归有个限度。"我们的大脑构造允许我们每天作出一定数量的决定，"他写道，"一旦达到那个极限，我们便没法再继续做决定，无论那些事情有多么重要。"把这句话再读一遍，想想这对你的工作有何指导意义。人类认知是个零和游戏。我们无法一直不停地工作，除非降低对工作的高质量要求。

我明白这跟我们以前听到的有些背道而驰。我们早已被灌输成功就必须长时间地工作。我们认为如果当真想要有所成就，就多少得像谷歌的第一位产品经理和首位女工程师玛丽莎·梅耶尔那样，以 33 岁的年龄荣登《财富》杂志"50 位最具影响力女性"榜单，成为入选该杂志榜单前 40 强中第一位不到 40 岁的女性。

梅耶尔是谷歌第二十号员工，当被要求介绍其在谷歌初创之时协助公司一步步迈向成功的秘诀时，梅耶尔宣称这是早期谷歌人每周工作 130 小时共同奋斗的结果。她还具体描述了自己是如何做到这一点的：最大限度缩减上洗手间的次数，睡在办公桌底下，强迫自己"至少每周工作一个通宵，除了休假——事实上休假极少"。

最糟糕的是，没有任何科学能证明这种拿空头支票玩命工作的做法是有效的。诚然，我们多数人都记得，为了完成一项学术任务或者赶一个非常紧的节点，自己也曾工作过很长时间。但这些都是有对等回报的突发情况。对于我们的拼命努力和付出，起码需要有派对和懒觉作为奖励。

而有历史证据证实了真正科学的说法：工作时间越短生产效率越高。早在 1810 年，现代人事管理之父罗伯特·欧文便倡导 10 小时工作日，10 年之内又进而提出了"8 小时工作，8 小时休闲，8 小时睡觉"的口号，他坚信这套循环方案能够提升生产效率。结果证明他是对的。

1893 年，英国索尔福德钢铁公司颇有争议地将每周工作时间从 53 小时减至 48 小时，结果总产量得到提升。

进入 20 世纪，福特汽车公司将工作日时间减至 8 小时，同时又将员工日薪翻倍提升至 5 美元（很多人都认为这一步简直是疯了），

罗伯特·欧文是19世纪初最有成就的企业家之一，人们有充分理由把他称为现代人事管理之父。

然而，公司第二年的利润实现了翻番。

相比我们熟悉的当下公司的年报，福特汽车公司 1914 年 1 月公布的年报读起来就像一篇启人心智的美文："我们坚信社会正义始于家庭……也正如我们所认为的，在我们的收入分配中劳资双方并不平等，我们已在探寻能够合理缓解该问题的计划。"这无疑是个烟幕弹：这个痛恨工会的福特汽车公司远不是个善待劳工的开明先锋。对福特汽车公司策略影响最大的是经济环境。他们准确预测出，改变员工的工作模式，公司的利润就能增长。他们依照地球一天 24 小时的算法，将原来每天 9 小时两班倒的工作制度改成了 8 小时三班倒。

工作时间越短，工作效率越高

说到每周究竟工作多少小时为最佳，来自斯坦福大学的约翰·彭萨维尔所做的研究值得我们关注，他在 2014 年对工作时长问题进行了全面深入的探索。他的数据采集自第一次世界大战期间英国一家军火厂的工人日志，一方面是因为关于他们员工工作时间的一丝不苟的记录得到了很好的保存，另一方面是因为彭萨维尔觉得，既然他们运营的是战时一个至关重要的部门，军火厂的工人们定当有坚定的目标让大家加油干。毕竟，没人愿意看到自己的军队打败仗。

他的发现清晰而明确。最理想的每周工作时间至多为 50 小时。他说："每小时工作时间的边际产量是恒定的，直到累计至那个时间节点（差不多第 50 小时），边际产量便会开始下降。"至第 55 小时或第 56 小时后，工人的疲惫来袭，产出开始明显递减。按照彭萨维尔的数据来看，每周工作 70 小时（每天 10 小时，每周 7 天）的工人们完成的工作量并不比那些每周工作 55 小时的多多少。

周末休息对工作效率也有积极影响。每周工作 48 小时外加周日一天休息比每周工作 56 小时（一周无休）的产出还要高。每周休息一天使得每个工作日的生产效率大幅提升，周日一天休息价超所值。

如果说举第一次世界大战时期军火厂的例子太过久远，那么近些年更是大有案例可陈。比如管理咨询公司麦肯锡。斯科特·麦克斯威尔曾任该公司高管，他回忆了自己早年的导师是如何点拨自己并指出自己在公司工作管理实践中存在瑕疵的那段往事。麦肯锡公司以其员工机器般连轴转、每周 7 天无休的工作风格而著称。如果你一周不干满 7 天，同事们便会轻视你，他们会因你的偷懒懈怠而瞧不起你。

但麦克斯威尔的导师乔恩·卡岑巴赫平静地对他说，他的信条是要求自己一周只能工作 6 天，但自己似乎比那些一周干 7 天的同事完成的工作还多。卡岑巴赫的结论是，过度工作的形式性大于实效性，这全是作秀，比如睡在桌子底下，或者你总是看起来像是憋了 1 小时的尿一样。卡岑巴赫进一步提出，一周工作 4 天或许才是自己的最佳状态。

成立了自己的风险投资基金之后，麦克斯威尔开始观察工作时间投入和效率产出之间的对应关系。他不光是观察，还亲自跟踪。他的发现清晰而明确："他的团队一周工作一旦超过 40 小时，之后每小时的效率都会下降。事实上，效率峰值出现在每周 40 小时以下。"麦克斯威尔因此制定了一项新的措施：晚上、周末和假期不准工作。他开始指导自己的员工减少工作时间但又确保他们能完成更多的工作。他为能让员工按时下班而感到自豪。

斯图尔特·巴特沃斯是专注于办公室通信的初创企业斯莱克公司的首席执行官，他在自己的公司也采用了类似的方法。斯莱克公司坚决信奉将工作日时间排得满满当当的原则。该公司的价值观是"努力工作、按时回家"，这从他们决定将乒乓球桌和桌式足球台从办公室里搬走、鼓励员工在个人业余时间里积极拓展爱好和副业便可见一斑。我们已然知道，无论是彭萨维尔研究的工厂体力劳动者，还是诸如管理咨询者这类的公司白领，只要我们想要实现效率最大化，答案就是避免超长时间的工作。

适用于各家企业的工作方法同样也适用于各个国家。超长时间的工作带不来更高的效率和更好的发展。事实上，2013 年《经济学人》杂志上的一篇分析文章指出，那些工作时间最短的国家反而拥有最高的工作效率。人均资本投入高的国家（比如德国），其员工的工作效率也越高，这些国家对用较短的轮班时间实现较高工作效率的现象进行奖励，这反过来也保护了员工免受疲劳煎熬。

让每周 40 小时的产出最大化

所以答案是什么呢？我认为我们需要改变对工作的看法。我们需要更加坚定地处理这个问题。假如我们视工作为每周固定 40 小时的产出，那么它将迫使我们作出各种抉择。它会令我们反思开 3 小时的会是否算是善用时间。它会质问我们该如何利用通勤时间。它会让我们在感觉精神百倍准备全力以赴时思考得更加周全。

将工作视为贯穿一周的以小时为单位的 40 个时间块，这是个有助于解决问题的思路。你可以在某个周六早上选择使用几个这样的时间块来处理某些已经困扰自己一段时间的问题。你因此换回的，也许便是能在周三下个早班，看部午后场电影。

或者我们可以考虑采纳托尼·施瓦茨提出的方法。施瓦茨是个成功的作家，受自己那段心力交瘁的职场经历的触动，他决心创立一家旨在创造职场变革的公司。他的能量计划公司建议我们将关注点从延长工作时间转到对如何管理自身能量的理解上去。多数人在 90 分钟的能量周期内表现最佳。努力让每个能量周期的产出最大化才是实现最高效率工作的最佳途径。

你可能听说过瑞典那场声势浩大的社会性试验，一大批政府公共部门每天的工作时间被缩减至 6 小时，同时薪资不减。同为公共权力部门，那些仍执行 8 小时工作日的同事必定感觉自己正儿八经地受到了挑衅，你可以试想一下某个同事打着"参加试验"的旗号每天比自己提前 2 小时溜回家的感觉。那些有幸入选参与试验的人们当中，缺席率下降，健康状况得以改善，工作效率得以提升。

有位参与者向《纽约时报》描述自己的体会时，称这种工作安排为"命运改造者"。还有一位参与者在被问及时间压缩后如何开展工作时这样总结道："简单地说，我们提高了工作效率。"

对我们多数人而言，6 小时工作日简直遥不可及。但至少我们都应该致力于实现每周 40 小时（或者更少，但绝不能超过 40 小时）的工作制，其间每小时的工作我们都要做到激情投入。

别再鼓吹过度工作。分时段专注工作同样能让你达成目标，还能给你腾出大块的时间去休闲、思考和创新。

约束自己到点就抛开工作，除非事情非常紧急，不能留待明天。鼓励你的同事也这样做。

将工作按小时进行切分。若有其他额外工作插入，则要问问自己准备将手头哪项工作停掉以便应对。

切记，往好处说，过度工作会稀释精力、创造力和想象力。往坏处说，过度工作将令人精疲力竭、油尽灯枯。

充能 6

打倒你心中的恶魔工厂主

我们现代生活的轨迹大体如此。最初我们上学，学校里的每件事情都有规矩：准时到校；上课；做作业。接着，步入职场，我们依然受规矩约束：上午九点到岗；处理电子邮件；按时参加会议。

问题是我们这么快便接受了这一切。你是否发现自己曾打量着整个办公区并满心疑惑：每个人都去哪儿了？尽管我们知道人们可能是在完成各自的工作，但我们都回到了学校规矩和纪律当中。人们得在我们眼前，这才能让我们信服他们是在工作。

ROWE：无须"在岗"，只问结果

"只问结果的工作环境"（Results Only Work Environment，ROWE）提出了一个不同的工作方法。ROWE项目由凯丽·雷斯勒和朱迪·汤姆森发起并创立，很快就被盖璞和百思买等诸多大公司采纳，它为团队制定短期目标，然后任由员工按照自己的方式开展手头工作。采用 ROWE 方式的团队无须特别固定的工作时间。

事实上，他们甚至根本无须去办公室。会议也只在他们想开的时候才开。从很多方面来说，ROWE 之于工作，就像大学教育之于中小学教育：如果你完成了工作，便没人真正关心你的方法。这是"在岗"概念的终结。因为在"在岗"概念下，我们评判某些人是否在工作的标准，一般就是看他们是否待在他们的座位上。

ROWE 的创立者们解释说，一家公司要想达到这种聚焦结果而非在岗的有效工作状态并且有所收益，那么在这之前，他们首先需要对工作场所做一次彻底的清理。这叫清除办公室"淤泥"，而这种"淤泥"用他们的话描述就是"工作场所中司空见惯的负面评价，以及那些看待时间和工作之间关系的过气理念"。换句话讲，它像极了我们心中那个工厂主的毒害性观念。

大学式工作方式：授权个人自主安排工作时间

显然，这个方法并不适用于任何组织。本质上说，它最适用于高度个性化的工作，因为在那样的行业里，协同合作或者严格坐班才并非常态。但假如人们确实只需独立工作，抑或其工作的某些方面完全能由自己掌控，那么这就是个能让自主权最大化的绝佳方法。

一名主流大报的前国际记者跟我描述过她的经历，她曾被单独派驻至某个欧洲国家的首都，在那期间，她转遍了整座城市，观察城市的每个角落，频繁出入各家咖啡馆了解时事，与人交谈，采访名人，然后安安静静地在一周内分几次时间整理出一篇内容丰富翔实的稿子。后来她回到了英国。她被安排到厕所边一间办公室的角落位子上。只要她在上午 9 点没到达办公室，老板便会让她解释自己打算如何提升业绩。她从大学式的工作方式回归到了中小学模式，结果工作成就感下降了，当然，她的稿子质量也下降了。

不过，有一点也值得我们注意，作为 ROWE 最积极的践行者之一，百思买在 2013 年放弃了这个模式，因为他们感到它已无法再帮他们的团队作出最佳业绩。"该模式有效运行有个前提，即需要不停地下放权力。"百思买的首席执行官这样回答采访者，其言外之意是，由于所有工作都被授权给了个人，团队合作不再紧密。

明显可以看出，这当中需要打破某种平衡。ROWE 对你也许适用也许不适用，又或者你会认为某种折中的方式最为适宜。但它背后的基本原则强劲有力，不光因为它是制衡我们心中那个 18 世纪工厂主的核心要素。假如有人晚了两小时晃进办公室时你大声问人家"你就上半天班吗"，那么这对你来说就是个警示。假如你明知同事菲尔某个周三下午得去接孩子，当下午四点那个可怜的家伙正想趁人不注意偷偷溜出办公室时，你却发现自己插了句"菲尔又早退了"，那么你必须得为此做点什么了。

工厂主不仅会挫败人们的斗志、妨碍人们出色完成工作，还会误导我们关注错误的效率计算方向。只有战胜工厂主，当然也包括战胜我们心中的那个，我们才能把工作做得更好。

关注你以及你的同事已下决心要达成的目标。

假如你认为自己或者你的同事达成的成就过低，那就把内心的想法说出来，而不是简单地向公司建议加班。

严禁打趣同事上班"半天制"或者睡过了头。我发现有句简单的意向声明会对此有所帮助："我们绝不说只上了半天班的人是'半日游'！也绝不开玩笑说任何人今天睡了懒觉。"这能消除同事的压力。

尝试开一次情绪梳理会，团队成员可以相互交流，谈谈自己曾因同事们的一些阴阳怪气的评价而倍感压力的故事。

充能 7

设置"微边界"：关掉手机通知

压力激素皮质醇有时会被人诟病，它就像是踩汽车油门。很小的剂量就能让我们提高注意力和关注度。而当我们把油门一脚踩到底时，危险就来了。

一个领衔的德国研究团队就曾指出，大量的皮质醇涌入大脑会妨碍我们的记忆力。尽管个中原因尚未彻底明了，但这似乎与压力激素作用于海马体的影响相关。科学家们知道，海马体和扁桃体共同存储紧张记忆，但它们似乎只是做个整体登记，而非记录各个鲜活细节。即大脑想要知道那次你遇见一条蛇很害怕，但它并不想让你再现当时的焦虑。

当然，也总有因压力激发人类事业超级壮举的时候。心理学家特蕾莎·阿马比尔举出了阿波罗 13 号太空任务的例子：飞船上发生爆炸后，佛罗里达任务控制中心的一个团队不得不昼夜不停地研究解决方案，想办法让宇航员们利用飞船上有限的材料修复空气过滤系统。最终他们精心研究的方案挽救了这项任务和宇航员的生命。

但阿马比尔的总体研究表明，这类插曲更多只是例外，而非普遍现象。当然，通过仔细分析那些处境远不如宇航员那般特殊的人们的日常思想反馈，比如办公室职员，她得出的结论是，多数情况下，创造力和压力是对天敌。两者无法和平共处。用她的话来讲就是："当创造力面对枪口时，通常的结果就是被击败。"

压力使创造性思维能力下降

压力不仅使人身心疲惫，还会令我们对自己真正在做的事情作出错误判断。"尽管时间上的压力可能会促使人们去做更多的事情、完成更多的工作，甚至让他们感觉更富创造力，"阿马比尔说，"事实上总体来说，它导致的结果是创造性思维能力下降。"

在对办公室职员进行研究的过程中，她发现一旦人们遭受压力，他们自认为的工作成效和事实可见的结果之间会开始出现越来越大的差距："在每天评价自己的创造力时，我们的这些研究对象通常会觉得在紧迫的时间压力下自己更有创造力。悲哀的是，他们的工作日志揭穿了那些自我评价。证据证明，时间压力越大，创造性思维能力显然越差。"

压力对创造力会产生何种长期影响，通过华盛顿州立大学的科学家贾亚克·潘克塞普的研究成果，我们如今也有了一些了解。潘克塞普一生致力于老鼠大脑的研究，最终他证实了，他喜爱的这些啮齿动物所展现出的很多思维模式以及情绪在其他哺乳类动物（包括人类）身上同样存在。比如他提出，你挠老鼠痒痒，老鼠会笑。

　　在研究过程中，他将哺乳动物大脑的机能分成 7 类情感指令系统，每个系统都与人类认知的一项特殊功能相关。他确信这 7 类中的每一类，即寻求、愤怒、恐惧、色欲、关爱、苦恼、悲伤和玩乐，正如人们先前认为的那样，均非源自负责处理复杂思想的大脑皮层，而是来自扁桃体和下丘脑。换句话说，这些情绪与我们的本能行为紧密相连，因此对它们我们几乎无法有意识地进行控制。

　　在研究老鼠的过程中，潘克塞普发现探索本身带来的兴奋与激动常常比取得某些成绩时的成就感要强烈得多。老鼠在吃饱后被停止喂食，但它们从未厌烦探索和观察。在潘克塞普看来，每只老鼠的大脑都是"一个探索系统，不断产生期待，寻求奖赏"。这也符合伦敦大学学院教授、神经科学家索菲·斯科特认为大脑是"一部探索新鲜事物的机器"的观点。潘克塞普的老鼠展现了一种探索新地方、新事物、新机会的天生欲望，即被潘克塞普定义为的"寻求和玩乐系统"。放在人类身上，这种"寻求和玩乐系统"就是我们所谓的创造力。

　　在给老鼠制造恐慌之前，它们一直是那种状态的。而当潘克塞普将猫毛放入老鼠中间时，它们立刻变得惊恐万分，尽管它们之前从未见过现实生活中的猫。这是种原始反应，其中有只被观察的老鼠才出生 18 天，一旦老鼠开始害怕，它们便彻底停止了各种玩乐和探索。不仅如此，在猫毛被清理掉之后的三到五天时间里，它们也不会回归玩乐状态。即使之后笼子经过彻底清理，压力导致的创伤仍持续存在于这些老鼠的体内，让它们无法回归玩乐状态。换作人类，这种延迟即特蕾莎·阿马比尔所谓的"压力残留"。只因之前的紧张记忆，那些老鼠便一连几天处于它们自己的"压力残留"当中。

关掉手机通知是最简单的减压小技巧

说到这里，便触及我想在这一节谈论的真正主题了：智能手机。拉夫堡大学的汤姆·杰克逊教授说，我们每个人在一天 8 小时工作时间内平均要处理 96 封电子邮件。这当中的很多电子邮件会往我们的血液循环系统里打一针诱发压力的皮质醇。科学家告诉我们，那些在下班时间还在手机上处理工作邮件的人当中，几乎有一半都显现出了高压力状态的迹象。

杰克逊教授告诉《卫报》："你收到的每一封电子邮件都相当于又增加了一项任务，等到这天快结束时，你会非常疲惫。我们发现员工在临下班的时候创造力和工作效率几乎所剩无几。"

当然，智能手机并非是给当今职场带来压力的唯一来源，可我们也无法完全忽略它。但何不减少一点它们带来的影响呢？何不将我们手机上的所有提醒都关掉呢？

将新邮件数量提醒标识从你的待机屏幕上去掉会让你感到更加快乐，这个建议似乎很愚蠢，却是我们人人都能做到的最简单的事情之一。问题是那个数字始终拽着你，乞求你快速对它扫上一眼，看看究竟有什么新鲜的东西需要你关注。这不仅仅是种外在刺激，有些研究者甚至声称，手机上的那些通知会让我们表现出注意力缺失多动症（Attention Deficit Hyperactivity Disorder，ADHD）的症状。

他们还指出，我们越是频繁地将注意力从手头工作上转移至最新的那条通知，我们兼顾两头需要应对的思考能力越是不足。这就是我在充能 1 里提到过的"切换"成本的一个实例。正如一位专家所言："主要的工作记忆任务需要注意力高度集中，而记忆痕迹会随着注意力的切换逐渐衰退。"

跟我们任何人可能会声称的事实正好相反的是，我们的工作记忆每次只能正确处理一件事情。多任务处理模式多少是个谜，尤其是对那些相信自己非常擅长于此的人而言：曾经有个试验，要求人们一边开车一边讲话，结果恰恰是那些最自信自己能做到这一要求的人们出的错最多，这暴露出了他们自以为是的技能与实际表现之间的巨大差距。

因此，假如我们想要完成更多的工作，我们就得一次专注于一件事情。我提到过干扰的力量能够激发创造性思维，但专注是一种能够促使我们进行更深层次思考、助力打造更丰满创意的超级力量。

只用一天你就能养成建立"微边界"的习惯

不久前，西班牙电信公司和卡内基梅隆大学合作了一个调查项目，这一项目旨在了解人们将手机信息通知功能关闭一周后对其幸福感的影响程度。这项被称为"请勿打扰"的挑战一发布便撞了南墙。据西班牙电信公司的马丁·皮洛特说："我们请不到一个人参与。所有人都一脸茫然和惊恐地盯着我们。于是最终我们把时间从一周改成了 24 小时。"有意思的是，事实证明 24 小时的挑战更有成效。

我们一直被人提醒，说固定一个习惯需要 6 天时间，然而参与这个项目的研究者发现，半数志愿者只花了一天时间便改变了习惯，而且之后的两年时间里都未回到压力诱发的老路中。很多人都表示自己的工作效率得到了提升。这个方法"让人更容易集中精力，尤其是用台式电脑工作的时候"，其中一人说。

对伦敦大学学院教授安娜·考克斯而言，我们以这种方式开展的相对较小的转变正是工作当中"微边界"（microboundary）的一个实例。微边界是用来使科技更好地服务于我们的策略和方法，它让人们感觉好像又拿回了控制权。

无论是在台式电脑上还是在手机上，我们每个人都应该考虑关掉来自电子邮箱的所有通知提醒，把邮箱设置成只在打开应用时才能看到你有多少新邮件的状态。已经这样做的人们曾告诉我他们的体会，他们感觉这给了他们不少自主空间。"我一口气把所有其他工作做完才想到去看邮件。"其中一位这么做的人说。

另一位则惊讶之情溢于言表："我一直专心处理文件，很长时间都没想过要去查邮件。"你要让别人知道，但凡有需要，他们随时都可以打电话找到你。但前提是除非你已经准备妥当，否则你绝不能分心放下手头的事情。

我们要提醒自己，关掉通知提醒会让我们在工作中更富精力和创造力。相反，如果一收到新邮件便第一时间处理，可能也会让我们有瞬间的成就感，但假如因此背负压力，则最终会致使我们的工作效率不升反降。

做这种去除压力的改变，好处便在于能提升人的创造力。让我们用足球运动员拉希姆·斯特林的一句话来总结一下何为平稳心态吧："我们知道自己能做什么。我相信我们都能做到，我们所需的只是支持和帮衬而已。请相信我。"

面对工作对你身心提出的各种要求，请适当让自己歇息片刻，恢复一下精力，以达到减压的目的。正如那些足球运动员、音乐人和闻着猫毛的老鼠一样——我们在压力状态下都无法创新。

关闭你手机上的通知提醒。记录前后对比结果，以便你能评估自己在这期间的变化。

无论是在电脑上还是在手机上，都请关闭电子邮箱通知提醒，把邮箱设置成只在打开应用时才能看到你有多少新邮件的状态。

充能 8

好好享受你的午餐时间

劳拉·阿切尔是伦敦博物馆的一名主管，她每天都有非常多的事情要做。因负责博物馆的所有募款事宜，她需要不断想出新的方法吸引其他艺术机构或伦敦企业参与合作，因此她常年压力很大。同时，她还得制订各种计划拓展博物馆会员，以帮忙贴补伦敦这家重要机构的日常运营。

于是，就像我们多数人在担心自己应付不来而焦头烂额的时候那样，她开始加班加点。如果说她需要在紧迫的期限内完成一些项目、向同事们表明自己已经拼尽全力，这也算是个合乎逻辑的做法。然后她的午餐时间，后来也一点一点被纳入她认为需要加班的时间了。

正如阿切尔在其博客和同名书《再见午餐》里以及后来跟我交流时所说的那样，影响是灾难性的。"我想我从未意识到午餐休息时间有任何积极的好处，除了事实上我确实很喜欢它外。"她对我说，"由于繁重的工作压力，午餐时间被我否决了，从那以后，我便意识到这对我的影响有多大。我基本上崩溃了。情绪、精力、对待工作的态度、饮食，都崩溃了。如果一整天都没离开过办公桌，我真的会渴望晚上能吃个外卖或者一顿现成的饭，那种简单或者安慰性的食品，那种或许对我来说不太健康的食物。于是我可能会来杯红酒，不管是在家里还是立马要去见朋友时——你就想寻求一种补偿，然后继续前行。或者来杯咖啡。我通常从不喝咖啡，但那阵子我一天会喝一两杯，而那种状态下你还想吃糖。"

后来影响更是与日俱增："所有一切变得越来越糟。我确实觉得非常沉重，无论是在精神还是饮食方面。一周下来我过得太不健康，于是到了周末，我就会想在周六早上睡个大懒觉。起来之后我又想让自己变得兴奋和充满活力，于是周六晚上我又会出门买醉，周日再睡上大半天。这样临近周末尾声，我已经精疲力竭，还谈什么精神百倍地迎接新的一周。你懂的，接下去又是同样糟糕的一周。"

阿切尔的情况绝不是个例。英国和美国的办公室职员已然越来越习惯在办公桌前吃饭：一只手浏览着邮件，另外一只手上啃着三明治。保柏集团 2015 年的一项调查显示，有近三分之二的英国人觉得连二十分钟的午餐时间都无法得到保证，他们当中很多人表示是因为来自老板们的压力令他们放弃了午休。

但所有证据表明，这个做法对工作和生活来说都很可怕。阿切尔所经历的症状（疲惫、慢性病，更不用说对不健康食品和饮品的渴望了）在很多想方设法省略午餐的人身上也是司空见惯。过度工作的影响远不止让人普遍感觉疲倦这一条。

研究者们发现，人们意识到专家所谓的"自我调节"机制在逐渐消失。若是让我们全凭自己的意志，我们会躺在沙发上，穿着那些自己觉得非常舒服却也丑得不得了的运动长裤。可假如是让我们去陪另一半的父母过一个漫长的周末，那我们就得谨言慎行，装出一副兴趣盎然的样子，平常那些陋习也会立马减少。这就是自我调节。它对午休也有影响。研究者们发现，假如我们被迫放弃午餐，则必定会感觉身心交瘁，因为这说明我们手头正在做的，并不是我们真心想要做的事情。

告别持续疲惫，午休是我们万万不可牺牲的时间

阿切尔在很大程度上认为，正是牺牲午餐并连续工作毁掉了她的周六夜晚，她谈到的持续疲惫状态值得我们进一步关注。我们所有人都有一个所谓的心理能量池，即便 1 小时的体育活动也有助于往里填充能量。没有必要的外在刺激，我们的疲惫感会成倍增加。心理学家艾米丽·亨特和辛迪·吴最近将省略午餐和周末疲惫之间作了关联。而西奥·梅叶曼和基斯波特·穆德则表示，这种情况甚至会导致睡眠失调。要替午休的必要性正名，或许我们的理由应该是，它能保证你和家人朋友的周末相聚时光不会再被毁。

当然，我们放弃午餐时间，最终损害的是紧接其后的那段时间里的工作效率。调查记录显示，午后的工作效率已然很低。无论放不放弃午餐时间，那时我们的判断力已经明显弱了很多，决策能力也同样要比上午时差。

因此，正如丹尼尔·平克在其 2018 年出版的《时机管理》一书中提到的，法官们倾向于在午餐后宣判重罪，而医生们则选择在

同样时段诊断一些不那么复杂的病例。北卡罗来纳州的杜克大学医学中心调查发现，医学上的某些出错概率，在下午 4 点出错概率为 4.2%，比在早上 9 点高出 4 倍。而且那还和人们放不放弃午餐时间无关。如果再算上放弃午餐这个因素，整体的情况将会更糟。

这便说到适度休息的调整恢复功能了：假如我们可以小憩一下，那便可以缓解午后疲劳，重新调节身心。丹尼尔·平克分享了无数案例来证明让自身需求遵从人体"生物钟"的好处。比如在丹麦，研究发现，让学生们在下午考试前休息一会儿，结果竟一改他们昔日下午已司空见惯的退化表现。

哈佛大学的弗朗西斯卡·吉诺教授则表示，如果学生们在一天时间里数次考试的成绩都明显下降，那么中间穿插一次休息则能阻止事态恶化。吉诺说，事实上，"假如每隔 1 小时休息一次，一天中的几次考试成绩肯定都会有所提升"。

由此我们需要对我们的工作习惯做两条必要的改变。第一，我们必须在午饭前完成重点工作。因为那时我们的头脑最为清醒，最有精力处理那些复杂的认知挑战。第二，我们必须放弃为了多完成一些工作而牺牲小憩机会的想法。我想这是我们都懂得的道理，只是我们常常做不到。面对边吃工作餐边处理所有邮件，和出去散个步，再回来处理之前未处理的邮件，并外加 30 封新的邮件这两种选择，我们都会选择前者，哪怕下午我们还是要为此付出低效率的代价。

可能你会耸耸肩膀不屑地说，"也许吧，但我可不会这么选。"不过在这之前，不妨先思考一下劳拉对午休带来的改变能量的描述。"你会变得又精神抖擞起来，"她对我说，"就像早上那样神清气爽地回到位子上，因为你让大脑休息了一会儿，也让你的身体休息了一会儿。等到了周末，你回顾这周时会心想'哇！这周我去了三次画廊，看了那些想看的展品'。""最美妙的是，"她总结道，"当我回望过去，我发现这一年充满了色彩和创意。我把所有的午餐时间加到一块儿算了算，结果相当于多了 30 天的年假。"

做好午餐计划，让你的每个下午拥有最佳工作状态

有意思的是，我们选择在午餐时间做什么也会影响我们的心情。这或许会令内向的人们感到不安，但牛津大学的科学家们确实发现，始终独自用餐、极少和他人聚餐，是导致心情闷闷不乐的最大的单一因素。在他们的研究当中，比这问题更严重的是那些原先已经患有精神疾病的人。

首席研究员罗宾·邓巴解释了原因："你在饭桌上和他人的聊天交流等行为，对刺激内啡肽分泌大有帮助。"所以说计划好每周跟同事一起吃几顿午餐会让你变得更加快乐。

而你选择和多少同事坐在一起也很关键。职场分析公司 Humanyze 的老板本·瓦贝尔指出，办公室里午餐桌的大小，对该办公室里的沟通层级有直接的影响。他说："到目前为止，我们发现，一个公司里最有工作效率的职员，是那些常和另外 10 名左右的同事一起吃午饭的人，这些员工的绩效表现要比其他人'高两位数的百分比'。而目前来看工作效率最低的员工常常只和另外 3 名同事一起吃午饭，且有时候只有 2 名。"

怀着对这个结果的好奇，瓦贝尔和同事们深入研究了咖啡馆的布局。"有一扇门两边所有的桌子都有 12 个位子，而另一扇门两边所有的桌子都只有 4 个位子。大多数情况下，你并不会带着另外 11 个人去吃午餐。通常你会在桌子边坐下，接下来其他人会陆续坐在你旁边，然后你便会开始和他们交谈。这样差不多一周下来，只要你和几名同事一起吃过了午饭，你就会非常乐意同他们交流了。"去这家特殊的咖啡馆吃饭的一群软件开发人员说道。事实证明，他们之间相互交谈，工作质量直接得到了提升。这个实例显然广泛适用于所有类型的公司。

但我还是有必要做个提醒。没错，午餐时间和其他人聊天能够使办公室里的沟通更加顺畅，但这也不能强制实施，必须顺其自然。由多伦多大学的约翰·特劳加克斯领衔的一组研究人员发现，当员工感觉自己不得不在午餐时间以一种特殊的形式开展社交活动时，他们最终会产生压力。即便是团队午餐，如果是被迫为之的，也会令员工无精打采。花几小时听老板跟我们讲他的新车远比坐在办公桌前处理电子邮件更叫人费神。或者就像约翰·特劳加克斯说的那样，强制实施的午间餐叙"因为可能需要要求员工约束自己的行为，故而会令他们更加疲惫"。

劳拉·阿切尔发现，要想掌握午餐时间的自主权，最好的办法就是做计划。毕竟，假如同事们知道你每周二都有瑜伽课，那么就没人会选在午餐时间开会了。掌握自主权、计划好你的午餐时间，会有助于你在每个下午重新精神抖擞地回到自己的最佳工作状态。

规划好午餐时间。计划好在某个午餐时间要做的事需要花点时间，但能促进一些情况的改变。劳拉·阿切尔发现，即便自己每周只能做到午休一两次，那也能帮助她缓解这些如影随形的压力。

让午餐时间丰富多彩起来。和你喜欢的人一起吃个午餐，到公园坐坐、散散步，或者提前预约一节训练课。尽量给那些已经列在你个人备忘录上很久的事情安排个时间，比如写封信，打电话给祖父母。

拒绝跟你的午餐时间有冲突的会议要求。礼貌地请组织者换个时间。即使再温和的拒绝，几次以后也能让最难缠的会议组织者重新思考最佳的开会时间。

充能 9

轮休能带来巨大的潜在收益

假如有人告诉你，重新爱上自己的工作的方法是稍微少做一点，你会怎么做？是放下手头工作休息一会儿？还是将工作从你的生活中踢出去一部分？这正是我接下来想要给出的建议。不过我们先去北欧看一看。

1973 年，4 个银行职员在其工作的信贷银行营业处被挟持为人质。令谈判专家们吃惊的是，他们在被羁押的 6 天时间里竟与绑匪建立起了情感。

他们本该表现出愤怒或恐惧。然而恰恰相反，当绑匪做出一些微不足道的善意举动时，比如小到允许他们使用卫生间或者赐予他们食物，他们竟为此对那些威胁自己生命的人表达了感激，而当他们获救后，竟对绑匪表示了同情，甚至还拒绝出庭作证。他们这种让人意想不到的反应，便是后来大家熟知的"斯德哥尔摩综合征"。

我们很多人发现自己在工作上也患上了斯德哥尔摩综合征，尽管我们并没有被人明显恶意绑架。各种要求从四面八方涌来，不仅仅来自我们的直接主管或公司老板，还来自其他同事、委托方或业务以外的客户，而我们对此的反应并不是失望或愤怒，而是选择默默辞职。心理学家马丁·塞利格曼将这种状态定义为"习得性无助"。我们变得太过逆来顺受。

塞利格曼是在 1965 年跟踪研究沮丧行为时完全出于偶然才发现的这种状态。他的最初实验类似于巴甫洛夫那个著名的"经典条件反射"试验版本，即铃声一响，给狗一次电击。毫无疑问，这些狗很快便将铃声和紧接着而来的电击建立了联系。但塞利格曼的实验是巴甫洛夫试验的改进版，并由此衍生出"习得性无助"的理论。

在塞利格曼的实验中，几只狗被装入分成两格的板条箱，其中一格的地板导电，另一格则是正常的地板。狗可以随自己的意愿从其中一格跳到另外一格，事实上也确实有几条狗在发现其中一格会触电而跳到另外一格。但那些在早期实验中已经历过连续电击的狗，则选择躺下不动。它们已然认定自己不管做什么都无法改善处境。于是它们索性选择放弃。

习得性无助行为在当代职场中比比皆是。来自他人的各种要求和期望令我们不堪重负，但我们却不得不全盘接受，因为我们认定现实就是如此也必须如此，即便躺在导电的地板上我们也无意逃脱。

坚持轮休制度让团队协作更加"主动"

哈佛大学人类学学者莱斯利·珀洛在研究工作效率本质的过程中发现了这一点。直觉告诉她，下班之后仍处于工作状态会损害人际关系，工作效率也确确实实远比我们以为的要低。然而每次当她拿自己的研究发现与工程师和管理顾问交流时，几乎无一例外都会被告知自己根本不理解他们的微妙处境，现实就是如此，因为他们不得不面对。"要想有竞争力，那么目前只有这个唯一的办法，每个团队对此都深信不疑。"她说。

出于对被动接受下班时间仍处于工作状态的这种心态的好奇，珀洛决定对一群工作已"彻底融入其生活"的人进行研究。她的推理依据是"假如你能改变那里，你就能改变任何地方"。她选择的是波士顿咨询公司的一群高管。这些人坚信，客户期待的是全天候服务，他们会在昼夜任何时候向自己咨询和提要求。他们认为，不仅白天漫长而疲惫的工作过程中必须倾注全部的身心，甚至下班后花几小时处理邮件也同样不可或缺。珀洛估计每个人每周下班后仍要在手机上处理 20 ～ 25 小时的电子邮件，而有人甚至希望他们能在新邮件到达后 1 小时之内作出回复。

珀洛的第一步走得非常谨慎。她想知道自己能否说服每个团队成员每周坚持一晚不看邮箱。但她有言在先，她明确要求整个团队必须遵循。如果有人在指定那晚仍在处理邮件，整个试验便宣告失败。这对于波士顿咨询公司这些已习惯于全天候随时待命以应对紧急情况的人们来说，是个困难的挑战。

果然，紧急情况确实出现了。不过珀洛开心地发现，整个团队的应对态度非常决绝，并表示将坚决践行承诺。他们向指定那晚不看邮箱的成员保证其可以离开："今晚轮到你了。不用担心，我们会替你顶上！"

但真正令人感到惊喜的还是这些时刻带来的更多普遍影响。一旦有人不得不轮流休整，剩下的团队作为一个整体将以各种方式开始更加有效的相互协作。遇到某些重要事情，他们也开始向团队申请晚上不再加班了。他们开始分享更多的个人情况和家庭生活。而且，短暂的彻底休整，哪怕只是单独的一个晚上，对于重新恢复精力而言意义重大。

短暂的彻底休整，哪怕只是单独的一个晚上，对于重新恢复精力而言意义重大。

研究试验的一名参与者对珀洛说："尽管那一周非常忙，但我的项目经理还是逼我离开办公室，确保我能歇上一晚。回来之后我真的感觉神清气爽。"珀洛研究发现：休整过的团队有了更高的工作满意度，更愿意与企业长期共同发展，也更满意于工作和生活之间的平衡。这差不多好比是在我们情绪低落的时候，才会开始思考我们所热爱的工作中存在的问题一样。我们在最疲惫的时候，才会有我们在最佳状态时可能无法认同的想法。

　　有了第一个试验的底气，珀洛对波士顿咨询公司的咨询顾问们继续展开了一个更为大胆的试验：她提出他们应该试着拟定一个计划，安排轮休一整天，让员工在这一天彻底"失联"。不准接打电话、不准收发短信和电子邮件、不准使用即时通信工具，总之不准有任何联系。不出所料，她的提议引发了极大的惊恐。"一开始，整个团队都反对这个试验。"她回忆道，"领导团队的那个合伙人一开始非常支持我的一些基本理念，但在那时也突然不安起来，因为那样的话她将不得不告诉客户，自己团队中的每一个人将每周休息一天。"

　　但奇怪的是，失联一天的结果竟是让每个人又重新爱上了自己的工作。团队成员之间的沟通变得更加"主动"，同事间的关系感觉更加紧密深入而不再像之前那样松散了。珀洛说，这个试验最出乎意料的收获，是最终让团队相信了，这样做能让他们"为客户提供更好的产品"。

横跨多个时区，如何制定高效的沟通规范？

　　何为主动沟通？为了找到答案，我采访了黛博拉·里波尔，她当时负责为软件公司巴福寻找新的人才。当我们思考未来的工作方式时，巴福是个值得关注的优秀组织。我不确定他们是否都知道这个问题的答案，但他们正在尽力问所有正确的问题。早在他们的创始人之一面临签证挑战的时候，巴福公司就放弃了他们在旧金山的办公室，其团队开始在世界各地进行远程工作。创始人们会从一个地方飞到另一个地方，笔记本电脑和无线连接器是他们唯一的必需品。对他们首次挑战的快速反应已根植于他们的内心，即便他们解决了所面临的挑战并重启了加利福尼亚基地，这种精神遗产仍然留在他们心中。

里波尔向我介绍了巴福公司 70 多名员工的情况："我们的员工遍布在 40 个城市、16 个不同的国家和 11 个时区。"她还介绍了他们是如何协同工作的："我们要让队友们无论身在何处都感到快乐。这意味着每个人都需要感到自己有能力作出决定，有机会与他人有效合作。这种情况下，同步沟通发挥不了多少作用。假如你有一拨人同在纽约时区，那就能慢悠悠地交流，实时地你来我往，然后作出决定。只是等法国和新加坡的同事醒来，他们对正在发生的事情显然没有任何参与。"

同步沟通是需要时间调和的：那是即时消息的你来我往。其结果就是，好像我们必须得跟上通过许多不同媒介同时进行对话的速度。如果需要快速的答复，非同步的沟通可能不起作用，但如果商定了最后期限，则可以促成人们在深思熟虑后作出决策。人们轮番在适合自己的时间里作出反馈。他们无须紧急仓促地作答，而有时间进行深入思考。

"巴福公司的有个价值观叫'花时间反思'。"黛博拉·里波尔告诉我，"横跨这么多时区，公司很难制定出更加高效的沟通规范。因此我们尽量避免提出'你对此有什么想法'这样开放式问题的电子邮件，如果你们之间有 8 小时或 12 小时的时差，那这样问了就等于没问。为了让他们回答你的问题，你的提问内容必须更加具体。"

　　因此，轮休而不是所有人不断地扎堆，会带来巨大的潜在收益。假如无须你从头到尾做点评，那么你的种种干预，在你和盘托出时会产生更大的影响。如果你不在的时候愿意依靠团队中的其他成员来补位，你就会越来越信任他们，并与他们更好地合作。而你也会感到更快乐、更放松。

切勿认定你的工作文化是一成不变的。

团队能轮休就同意他们轮休，并坚持你的决定。

短暂的彻底休整，哪怕只是单独的一个晚上，对于重新恢复精力而言意义重大。

如果你不在的时候愿意依靠团队中的其他成员来补位，你就会越来越信任他们，并与他们更好地合作。而你也会感到更快乐、更放松。

充能 10

周末不要处理电子邮件

我们都看到了文化基因是如何席卷世界的，其往往在短短几天就能牢牢抓住并融入流行文化。几乎在一夜之间，"冰桶挑战"似乎就霸屏了脸书乃至更多的社交平台。连你家的阿姨甚至也爱上了"假人挑战"，当相机从人们身边扫过时，他们会站在那里，像是被冰冻了一样。这些都是疯狂而迅速地四处传播着的病毒式想法。

我承认努力工作并非病毒式的想法，但我希望你明白，它至少有点类似真菌。它不通过兴奋传播，但确实会传染。当微软的研究人员观察老板们下班后的工作习惯对同事们的影响时，他们发现，一个老板每花 1 小时在下班时间做些有形工作，他们的直接下属每人就得花 20 分钟响应。

如果某个老板选择在周日开始清理他的收件箱，用比喻来说，一个"真菌孢子"便落在了员工的笔记本电脑上，他们也得开始工作了。换句话说，他们的工作是受"真菌"感染的结果。

这种"传染病"也会以其他方式传播。比如，如果你的老板拿出笔记本电脑，开始在会议期间发邮件，那么你自己日后也极有可能会变本加厉地在会议上同时处理多项工作。我们非常容易模仿老板的做法。

离开海量信息，你需要周末重新充电

正如我在前文中所说的，在会议、电子邮件以及其他各种信息连轴转的过程中稍事停顿，有助于我们的身心恢复。人类学学者莱斯利·珀洛适时指出，当我们长期处于一个信息交互的环境中时，一旦与输入的信息流断开连接，我们便常常会感到无助。然而，断开信息连接可能会使我们对自己的期望感觉不那么幽闭恐怖，这也降低了我们的焦虑。正如我之前提到的，半数在下班时间查看电子邮件的员工都显示出压力很大的迹象。通过血液循环令我们精神大振的皮质醇，同样也会制造一种类似于非洲草原动物看到掠食者时的心理状态。

我们可能认为，自己查看电子邮件是为了避免工作压力，但我们的身体并不知道这一点。它会将皮质醇的出现归因于有危险悄然来袭。

皮质醇在体内涌动引发的中期影响是困倦和疲惫。就像咖啡因药效过后的低谷。然而，短暂休息可以让我们恢复精力、注意力、记忆力和创造力。

这就是周末如此重要的原因。我在前文中探讨过约翰·彭萨维尔关于工作效率的研究，该研究发现，工人在周日休息的 48 小时工作制下的工作效率比在周日加班的 56 小时工作制下的还高。通过短暂休息，工人们确实提高了工作效率。

也许我们值得花点时间来关注一下生产力，因为在现在这个高科技时代，它已经成了一种困惑和担忧。在过去几十年中，最大的谜团之一，便是我们取得了前所未有的技术进步，但似乎没有取得明显的生产力提升。

这是经济历史学家保罗·大卫在某种程度上探索过的问题。我觉得他的观点很有说服力，简单来说就是，我们还没有弄清楚如何利用我们现有的东西。他把高科技的到来和电动机的到来作了一个类比。电动机代表了人们取代蒸汽机的巨大进步。它们更小更精确，可以由单独的个体操作。但工业实践需要一段时间才能适应人们所具备的能力：其在时间和学习方面有个滞后的过程。

我们面临的挑战是，我们还没有学会如何使用现代创新赋予我们的工具。当我们把海量的收件箱处理至只剩二三十封邮件时，我们认为我们的工作效率非常高。但事实上，我们所做的一切都是为了赶着满足同事们的聊天需求。我们并未有效利用我们的时间，即便我们认为自己已把更多的时间投入了工作。相反，假如我们不再因为忙碌而焦虑，给我们的大脑重新充能，专注于真正重要的事情，进入深度工作的状态，我们实际上会取得更大的成就。

提倡深度工作，拒绝"看起来很忙"

正如深度工作冠军卡尔·纽波特对我说的那样："现代工作环境对深度工作充满敌意。但我想提醒一点，我认为从长远来看，这将是知识工作的一种注脚。换言之，我认为也许 15 年后我们在回顾当下对待知识工作的态度时，我们会说当下的做法简直是徒劳无功。"

20 年前，埃里克·布莱恩约弗森和洛林·希特说过，从计算机化操作中受益最多的企业并没有简单地将字节用于现有的工作机器，他们重塑了自己：将自己打散，再重新组合。在此过程中，他们改变了结构，权力更加下放。事实上，他们的观点正是管理思想家彼得·德鲁克在 1988 年谈到"新组织的到来"时所描述的那种情形的真实写照。德鲁克说，未来的赢家将是那些技术含量丰富的公司，他们"组织架构更扁平、层级更少，高技能工人承担着越来越多的决策责任"。并且他并未提到要多回电子邮件或周末加班。

当我们处理海量电子邮件时，即便我们认为已把更多的时间投入了工作，但我们并未有效利用我们的时间。

如今的公司领导都需要这样思考。他们应该鼓励一种文化，提倡有效率的深度工作而不是发电子邮件，拒绝为看起来很忙的现象摇旗呐喊。他们应该在周末建立电子邮件"禁飞区"的规定，因为周末是组织重新注入集体能量和创造力的时候。很少会有像一个同事在周日早上发邮件那样消极并具有破坏性的事情，这不仅会损害发件人和收件人的创造力和精力，还会将这种周日邮件文化传染给其他同事。企业可以在墙上描绘企业价值观，可以拥护积极的文化……但如果他们允许周末发邮件，那就是在破坏自己的口号文化。

当然，我完全理解为什么人们觉得有必要在下班后处理电子邮件。因为这可以让他们避开未回复他人邮件而引发的内疚感，这给了他们一种短暂的解脱感，显得自己没有落后。正因为我认为，我们都应该有以我们自己认为最适合的方式工作的自主权，所以我自然不会提倡一种在工作时间之外人们无法看到收件箱的制度。但人们确实需要记住的是，如果选择在周末发送电子邮件，那他们就是在破坏别人的自主权。因此，在按下发送键之前，他们需要慎重考虑。

最好的平衡方法是不鼓励周末处理大量电子邮件，但可以一种合情合理的方式来处理一些不可避免的紧急情况。比如建立线上沟通群、群发信息或者直接打电话。

我们所有人都可能会遇到这样的情况，需要重视已经发生的一些重要事情，也许还涉及我们某位同事的个人和家庭幸福。但对我们其他人来说，好的工作环境有个简单的规则：周末不收发邮件。如果人们违反了这一指导原则，那么我们需要用"少发周末邮件"这样的反馈或在团队会议上简短友好地提醒，温和地加以劝说。这样即便是再自我的同事也会反思自己的工作方式。通常你会发现，他们的反应会是"我没想到"。

周末不处理电子邮件。就这一条。周五下午 6 点后，回家休息。喝杯红酒，尝点奶酪，吃个快餐，怎样都行。

如果你想把一封并不紧急的电子邮件处理完，那就把它保存在草稿箱里，周一第一时间再发出。

拒绝为看起来很忙的现象摇旗呐喊。专注于真正重要的事情，进入深度工作的状态，我们实际上会取得更大的成就。

充能 11

睡个好觉，把问题留给明天吧

　　几乎没什么比晚上睡个好觉对我们更有好处的事情了。它甚至好过其他任何提升表现的干预措施。它能延年益寿，提高我们的创造力，增强我们的记忆力，保护我们免受心脏病、阿尔茨海默病和癌症的侵袭，它有助于预防感冒，明显地使我们更加快乐，也对我们更有吸引力。重要的是，它还不用花钱！

　　有两种实现工作快乐的途径与工作本身关联不大。一是我们需要更多睡眠，二是我们需要花更多的时间和更快乐的朋友在一起。我们将在本书的后面章节讨论如何建立更亲密、更友好的关系，这一节中我们先说睡眠。

睡眠比任何东西都能让我们感觉更舒适

　　睡眠具有强大的恢复功能。它不仅让人深感满足，也能提高我们开展每项工作的能力。如果我们能保证 8 小时的睡眠，就能减少对咖啡因和含糖食物的依赖。撇开对健康的好处不谈，睡眠比任何东西都能让我们感觉更舒适。科学家们发现，早睡且睡眠时长规律的人，消极的想法更少。

当然，也有人说他们一晚不需要 8 小时的睡眠时间。你应该也遇到过这样的人。他们嘲笑我们这些人的懒散行为，称自己的做法才是正常的。事实并非如此。

科学家们发现，绝大多数"短睡眠者"必须采取极端措施来刺激自己保持清醒。实际上这恰恰表明他们通常是在拿自己的生理能力开玩笑。当科学家们开始尝试扫描那些声称不需要太多睡眠的人的大脑时，他们发现，很多人刚把脑袋伸到 R-fMRI 脑扫描仪中就开始打瞌睡，而且这一人数惊人。结果表明，95％愿意参加这项研究的人的说法纯属夸大其词。我们竟试图通过放弃如此重要的东西来维护自己的形象，这是何等奇怪的事情。

那么睡眠到底对我们有什么好处呢？即便到现在我们还不知道所有的答案，但科学已经设法解开了一些谜团。首先，睡眠是大脑进行大部分发育和修复工作的时间。早在 20 世纪 90 年代人们就发现，如果幼鼠的快速眼动睡眠（有时被称为"梦境睡眠"）被阻断，它们的大脑皮层就没有了发育的迹象。事实上，即便这些睡眠不足的幼崽最终得以幸存，它们的发育仍然落后，长大后也很孤僻木讷，无法完全融入它们的群体。

睡眠也有助于我们整理和理解清醒时的经历。事实上，梦境睡眠常常涉及我们某些记忆的回放。2001 年，麻省理工学院皮考尔学习与记忆研究所的马修·A. 威尔逊进行了一项突破性实验，使这一点得到了确凿的证明。他和他的团队把老鼠放入了一个迷宫中，然后捕捉老鼠在跑道上遇到不同状况时脑细胞释放的信号模式。当老鼠进入睡眠状态时，科学家们发现这些相同的大脑模式被反复播放。

"我们发现，"威尔逊说，"与在跑道上跑一圈的情形相对应的短暂记忆序列被快速跳跃式地重放。"这几乎就像是通过不断地重播将场景编码在老鼠的记忆中一样。

有趣的是，科学家们发现，老鼠的记忆中从不涉及懈怠行为或休息场景。它们的睡眠过滤消除了杂质和噪声，似乎只对一天中重要的、值得记忆的场景进行了编码。它是在帮助老鼠理解有意义的清醒体验。

睡够 8 小时，明天的你会有更好的状态解决问题

这在一定程度上解释了为什么说这句古老的格言道出了许多真理：把问题留待明天。在前文中，我描述了詹姆斯·韦伯·扬的"创意生成技巧"，其中涵盖"休息是产生新想法的关键"这一建议。事实上，他的直觉是建立在扎实的科学研究基础之上的。例如，研究人员罗伯特·斯第高特和马修·沃克在一项让学生进行数学挑战的研究中即证明了这一点。那些被允许在数字解码测试的第一轮和第二轮之间睡一晚的人，通过第二轮测试的速度比那些未被允许休息而直接参加复试的人快了 16.5%。

同时，他们的反应也更加灵敏。测试题中藏着一个"黑客"解决方案陷阱，如能识别，便能在很短的时间内解决问题，否则受测

人员将深陷其中。在两轮测试之间未被允许休息一晚的学生当中只有 25% 的人识别到了黑客。而在睡了 8 小时的学生当中，这个比例高达 59%。

对全世界三分之二睡眠不足的成年人来说，预后并不乐观。他们不仅健康会受到不利影响，工作也无法做到尽善尽美。疲劳的医生、司机和军人都被证明犯过可以避免的经验主义错误。一项针对护士的跨国研究发现，如果睡眠不足，他们作出正确决定的能力就会受到破坏，压力则会上升。就像老鼠穿越迷宫高速夜间梦游一样，如果我们想让自己的思维条理清晰，那么我们便需要给大脑一点时间去梳理、组织和解读刚刚过完的这一天。

因此，如果工作多得不堪应付，而你估计自己得挑灯夜战才能完成更多的工作，那就停下来好好想想。8 小时的睡眠后，你更有可能达到你需要的状态。

规范就寝时间，努力坚持。

睡前饮酒会降低睡眠质量。每周要确保大多数夜晚在未饮酒的状态下入睡。

晚上带着焦虑和压力入睡，早上醒来就会头脑不清晰，精神萎靡不振。我喜欢《早起的奇迹》（*The Miracle Morning*）中的一句话：伴着梦想入睡，带着目标醒来。

充能 12

快乐秘方：一次只专注于一件事

我们来谈谈你一直以来的想法吧。那个你只敢对自己或者在酒后跟朋友提起的半成形的想法。你严重怀疑做别的事情会更快乐，不是吗？也许你想要环游世界。也许你会乐于当个农民，一个有机农场的农民，你或许可以种点西葫芦或花椰菜。我们和工作的关系一直很复杂。我们会担心如果没有工作，我们可能会不快乐。

研究发现，与工作中的人相比，没有工作的人消极情绪更多，积极情绪更少，他们不仅担心收入，还担心社会地位、日常生活和生活目标。然而当我们有了工作，却又总是把工作列为自己最不喜欢的活动。我们还说，在工作中自己最不喜欢的事情就是和老板在一起。难怪辞职走人去种西葫芦听起来那么诱人。

这方面的调查统计数据当然不那么鼓舞人心。在请办公室职员对自己的生活进行评价时，在满分 10 分里，他们通常只会打 6 分左右。研究人员使用一款智能手机应用程序记录了对英国数万人超过100 万次的观察结果，他们发现"工作中"的快乐指数位列评分榜倒数第二。只有"卧病在床"比之更糟。上下班通勤也被认为毫无乐趣。不过值得注意的是，如果说做一名上班族只会给自己的生活打 6 分，那么当一名农场工人的分数就更低了，他们可能只给自己打 4.5 分。即便你晚上可以和你那可爱的小狗一起坐在自家漂亮的门廊上，你也可能只能打 5.5 分。这么说种西葫芦可能不是排名榜首的答案。那究竟什么才是呢？

双赢法则：快乐员工的收入和工作效率明显更高

人们很久以前就已知道金钱和快乐不呈正相关关系，尽管一定数量的金钱是获得安全感和幸福感的关键，但这并不意味着你的钱越多，你就越幸福。但人们可能不太熟悉这个方程式的反向推导。研究人员安德鲁·奥斯瓦尔德和简-以内马利·德·内弗对几家兄弟姐妹的表现作了对比分析，他们想知道，拥有一个比别人更快乐的青少年时期是否有助于让他们成年后在经济收入上也表现得比别人更好。结果他们发现，那些曾称对自己的生活比较满意的青少年，在成年后的工作中明显赚了更多的钱。那么多了多少呢？

通过设法将快乐感用一种合理的方式进行量化打分，他们的数据表明，人们在 22 岁时对生活的满意度每提高 1%，他们在 29 岁时的收入就会增加 2 000 美元。当然，这种情况并不适用于那些极少数高薪资、高压力的工作，比如投资银行的工作。

这当中我们需要旁注一条，它也是个令人沮丧的社会问题：假如你来自一个贫穷家庭，你可能几乎触碰不到幸福的基本底线。贫穷带来的压力，以及穷困带来的破坏性影响，往往会使人们变得更加消极，而且这种消极影响会一代一代地蔓延下去。

堪萨斯大学的贝蒂·哈特和托德·里斯利研究发现，低收入家庭的孩子从出生到 4 岁会听到超过 12.5 万个抱怨而非赞美之词。相比之下，那些富裕家庭的孩子听到的赞美之词却要比抱怨之词多 56 万个。假如情况果真如此，我们听到的那些话会影响我们如何看待自己以及如何塑造自己的理想，这无疑是个很残酷的消息。

但是如果你能在工作中获得快乐，那么你不仅最终可能会获得更多的收入，而且也更有可能爱上工作。科学家们称之为"反向因果关系"。本质上这种关系是双赢或双输的局面。与此同时，华威大学的研究人员发现，快乐员工的工作效率可能会提升 12%。而另一方面显示，不快乐员工的工作效率会降低 10%，这意味着他们的总效率与心满意足的同事间会相差 22%。

所有充能方法都是为了让你一次只专注于一件事

那么，你应该如何让自己在工作中更快乐呢？我建议你采用我目前为止提出的所有充能方法，从暂停处理电子邮件到睡个好觉，原因我均已逐项罗列过。但让你运用这些方法还有另外一个原因，那就是它们会令你更加专注，而专注也是更加快乐的源泉之一。

科学家们一次又一次发现，持续分心必然导致不满情绪的产生。哈佛大学的心理学家曾利用另一个智能手机提示软件来监测工作中的人们在思考和做什么，结果发现，人们一天中有 46.9% 的时间都并没有做太多思考。前文中提到的注意力转移有很大关系，尽管研究人员并没有特别注意到这一点。心不在焉的状态会让你与快乐无缘，似乎这也源自人内心的灰暗情绪：调查中那些特别容易自我分心的人比那些相对更专注的同事快乐度低 17.7%。正如研究人员所说："心不在焉的人不会快乐。"

假如你想在工作中更加快乐，那么一次只做一件事，便是提升快乐和工作效率的方法。正如我试图通过全书第一部分展示的那样，不同情况下，我们需要不同的工作模式。有时候我们得放松心情、拓展思绪，比如当我们需要天马行空的创意时。但是除非我们能重新集中精力不再分心，否则任何创意都没有价值。

我们许多人都在浏览器中打开着几十个互联网页面，我们发现我们快速地从一项工作跳到另一项工作以试图加快进程。身处这样一个时代，我们会认为匆忙就意味着能做更多的事情。事情却恰恰相反：你只有完成了更多的工作，大脑才会很容易地为你输送创造性的想法。而要想做好工作，你需要的是专注。

找到方法让自己专注，这不仅会让你的工作表现更加出色，而且也会令你更加快乐。

假如你能因专注而获得工作中更大的快乐，那么你在工作中也将更加成功，收获双赢。

一次只做一件事，便是提升快乐和工作效率的方法。

打造非凡团队凝聚力
的8种策略

Sync

导 读

团队归属感不仅是文化认同，
更是身心需求

想一想马斯洛需求层次理论（图 1）吧，这个 20 世纪中叶的著名理论，旨在展示某些需要如何取决于其他需要的率先满足，即在考虑下一个需要之前，需先满足某些先决条件。

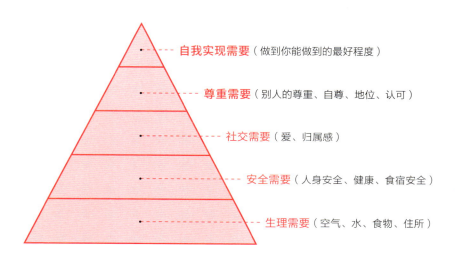

自我实现需要（做到你能做到的最好程度）

尊重需要（别人的尊重、自尊、地位、认可）

社交需要（爱、归属感）

安全需要（人身安全、健康、食宿安全）

生理需要（空气、水、食物、住所）

图 1　马斯洛需求层次理论

马斯洛认为，人类生存最基本的要素是诸如空气、水、食物、住所等生理需要，其次是安全需要，接着是社交需要，然后是尊重需要，最后是最重要、最高层次的需求——自我实现需要。

这是一个令人叹服的理论，简直广受推崇并被公认为人类动机的强大指南。但这几乎是完全错误的。

归属感在工作和家庭中同样至关重要

在马斯洛需求层次理论提出的 30 年后，罗伊·鲍迈斯特和马克·利里发表了一篇被广泛引用的论文来讨论了这个问题。马斯洛认为归属感只能算是一种"不错的需求"，但也只有在更基本的要素得到满足之后才会变得重要。对此，他们认为马斯洛的说法是错误的。相反，鲍迈斯特和利里辩称，归属感与生理需求是并行的。人类一直希望自己的成就能得到他人的验证、认可和尊重。我们天生不喜欢单独行动。

研究人员表示："哪怕只是快速扫一眼社会行为方面的研究资料，我们也会发现这样一种可能性，人类所做的很多事情都是为了获取归属感。""假如缺乏归属感，我们就会觉得自己没有价值。我们认为归属感就像食物一样是人类的一种迫切需求，人类文化明显受制于能否提供归属感的压力。"

我们希望人们认可我们，对我们热情，看到我们的善行。假如慈善捐款在森林里举行且无人见证，那真的还会有人捐吗？

鲍迈斯特和利里的发现得到了朱莉安娜·霍尔特-伦斯塔德教授

展开的一项针对 340 多万成年人病史的大型研究的支持。研究结果表示，孤立会使人过早死亡的风险增加 50%（补充一句，肥胖只会增加 30% 的过早死亡风险）。她总结道："对外社交被广泛认为是一种基本的人类需求，对幸福和生存都至关重要。"换句话说，孤独对我们来说远比不健康的饮食更为糟糕。

缺乏任何一种归属感都会随时随刻损害我们的生命。今天，那些缺乏稳定人际关系的青少年和成年人患上了越来越严重的心理和生理疾病。他们更容易表现出一系列的行为问题，从犯罪到遭遇车祸，这些事情都越来越多。并且他们也更容易自杀。

假如我们的整体生活就是如此，那么我们在工作中的情况也会是如此。在家里我们当然要有归属感。但在工作中我们也需要有同样的感受。我们必须要在与自己一周内共度 5 天时光的同事身上获得归属感。

何为工作中的归属感？我们多数人不敢把用在自己亲近的人身上的一些词用在同事身上，比如"一家人"或"爱"。但事实上，从与一批又一批的团队沟通的情况来看，实际上团队成员都能感觉到彼此间那种友情和近似于家人亲情的那种爱。

有一次我和一名伦敦消防队员聊天，结果被他的话深深打动，他说，队员们彼此分享快乐、推心置腹，这最让他们感觉信心满满。

另一位不愿透露姓名的伦敦消防队员则进一步道破了前者的观点，当被《独立报》问到是什么样的工作文化激励着他们一次次冒着生命危险冲进格伦费尔大厦去抗击熊熊烈火时，他回答说："我们是一群有趣的人——我们喜欢笑，喜欢互相开玩笑。"

沃顿商学院教授西格尔·巴萨德倡导的观点是，我们应该在工作中多谈友谊、归属感和爱。她说，大多数公司在说这样的话时可能都不大能放开，毕竟，合作伙伴和家庭成员的含义并不完全相同。但我们可以在工作场所感受巴萨德所说的"相伴之爱"。她说："当员工加入一个组织时，他们不会把情感留在门口……情感不仅仍有一席之地，所谓的'相伴之爱'还有助于维系员工和公司之间的关系底线。"

她自己的研究（涉及 7 个不同行业的 3 200 名员工）表明，"相伴之爱"关联着更高的工作满意度、对组织更强的信心以及更深的责任感。后一种美德可能会给我们带来某种惊喜。我们通常将责任感与严格的、管控型的文化联系在一起，恐惧感驱使我们以最高标准开展工作。但巴萨德发现，情况恰恰相反。她说，当我们感觉自己与团队亲密无间时，我们的工作标准也会达到极致。

巴萨德认为，这种爱是有感染力的。因此，领导者必须以身作则。他们需要表现出对他人的这种同情之爱，以便让这种爱传播得更广。如果觉得这难以置信，那么请记住，情绪感染这个概念早已有之并且广受认可。

联邦调查局前人质谈判专家克里斯·沃斯始终认为，他最成功的谈判，都是在他内心由衷感到愉悦并且能够将这种愉悦感投射到关乎项目生死的谈判过程中的时候。那时的情绪会影响到他的声调，而那个声调会吸引谈判对象的注意力，把他们带入一种不同的情绪状态。"关键是说话时要放松和微笑。"他说，"保持微笑，即使是在打电话的时候也一样。微笑时的语调会对对方产生影响。"

我们感受到的联系越多，我们对关系维护的投入也就越大——无论是在职业上还是情感上。根据一项对近四万人所做的研究，维系未婚夫妇在一起的首要因素是"积极的幻想"，即那种因为彼此感觉都很棒而想要和对方在一起的渴望。

同样的道理，如果我们在工作中有种特别被需要的感觉，我们便有了归属感。为了保持团队的积极性，老板的其中一个角色便可能是扮演"首席宣传大使"。但这有个至关重要的前提条件，那就是只有当这种宣传是发自内心时才起作用：一个毫无真心实意的老板带领团队为彼此欢呼点赞的做法反而对团队有害无益。

所以说，归属感在工作和家庭中同样重要。接下来我们将介绍如何实现这一目标。

什么样的企业文化才能让员工"自发性努力"？

你的员工是否敬业？近年来，敬业成了一个热门词。几乎全世界的人力资源部门都在为此开会研讨。每周都会有召开的国际会议来讨论这个问题。老板们对此既着迷又担心。

强调敬业与"自发性努力"理念密切相关，后者是指，除了做大量的基本工作，我们还能做些额外的、自发性的贡献。因此该理论认为，那些能够充分挖掘员工"自发性努力"的公司，其工作效率将明显高于那些普通的竞争对手。

自从数据公司在 20 世纪 90 年代开始衡量员工敬业度以来，他们总是发现员工的敬业度低得惊人。国际知名调查咨询公司盖洛普的调查显示，在英国，92％的员工自称对工作缺乏真正的投入，19％的人表示他们在"主动逃避"。盖洛普认为："这些人感觉对自己的工作或公司没有任何依恋。他们不清楚自己需要做些什么才能脱颖而出，普遍感到自己无法尽力而为，而这对工作效率都是一种伤害。"那就只剩 8％的英国工人关心着自己的工作，希望自己的工作能作出积极贡献。美国的情况要乐观一些，因为有 33％的员工表示自己对工作非常投入。而在法国情况又更糟了：只有 3％的法国工人说他们喜欢自己的工作。

盖洛普对这些不在状态的大多数人的看法是，"让他们变得敬业可能不需要太多时间，重新对他们加以培训或更换他们的现任经理可能就会奏效"。显然，那些似乎已经破解了"员工敬业度"难题的组织已然取得了更好的结果。

职场评论员雅各布·摩根发现，那些在"员工体验"上主动加大投入的公司，其员工敬业度都得到了提升。而这些公司的人均利润和人均收入亦分别是行业平均水平的 2 倍甚至 4 倍。

这么看来还真不错，但这也引出了一个问题：你应该如何创造员工的参与感？如何才能真正建立一个改善人们互动方式的环境，令员工士气高涨、更加快乐、更有动力？这就是让那些研究工作文化的学生们已经理解并着迷的东西。假如你搜索"文化手册"，你会发现数以百计设计精美的 PDF 资料，它们都在赞颂在 X 或 Y 公司工作的乐趣。如果以敬业为目标的话，那么实现这一目标的途径便是提升企业文化。

从本质上说，现代西方社会对明确定义的"工作文化"的痴迷，源于他们对 20 世纪 80 年代已然根基深厚的日本商界的羡慕和嫉妒，当时美国、英国和其他国家的商界人士忽然意识到了日本众多大公司磁悬浮列车般的发展速度和能量。当有人问到"日本公司为何如此特别"时，答案往往是因为他们创造了功能强大、充满活力、始终如一的企业文化。新闻节目会播放日本工人集体唱公司司歌或一起上早操课的画面，并将日本关注团队重要性的文化与西方的个人英雄主义进行对比。研究东西方世界文化差异的语言学家理查德·刘易斯说："他们倾向于重视等级制度，认为集体是神圣的。"

结果便形成了一种新的工作理念。在 20 世纪 90 年代末，人们越来越相信，任何不敢挺起胸膛对自己的涡轮增压式的工作文化怒吼的人，都应该为自己的无能感到羞耻。大家开始流行模仿管理大师彼得·德鲁克的那句鼓舞士气的口号："文化能把战略当午餐吃掉！"愈演愈烈的工作文化运动迫切地向人们宣告，当你破解文化公式时，其影响就像是通过静脉注射将肾上腺素送入大脑。当然，另一方面，这也意味着那些没有世界级的、快速发展的文化的公司，注定会被他们背后不断壮大的对手所碾压。

你现在仍然可以在一本特别的励志自救书中找到这个时代思想的印迹。比如《鱼》这本书，书中呼吁各家公司跟上西雅图派克鱼市场那令人兴奋的狂热步伐，在那里，极为外向的销售人员把鲑鱼扔来扔去，或者试图在一条湿漉漉的比目鱼的配合下模仿迈克尔·杰克逊唱歌来吸引潜在的客户。其实，这个鱼市证实了一个关于一系列非常简单的价值观的启示：选择你的态度，融入当下，尽情玩乐，过好属于你自己的一天。

不得不说，如果身为会计的卡尔开始把成堆的打印文件随意扔给同事，那他不太可能赢得很多朋友。同样的道理，很少有其他作者会劝诫团队要更加"热情高涨"，或者把顾客变成"狂热的粉丝"，将工作环境转换成我们大多数人都会感觉舒适的那种模样。当一家位于僻静山村的律师事务所的老板说律所刚刚做了一个决定，要大家更加热情高涨地执行某位夫人的遗嘱时，我很难想象律所的员工会欣然接受。

工作文化运动依旧来势汹汹，各种新的说法，如"建立你的部落"等，层出不穷。但这一方面的情况也有了一个明显的转变，企业关注的焦点，从把文化视为一种推动业绩的方式，转向了将文化视作一种向外界营销自我的手段。

亚当·格兰特是这一领域的权威专家，他对大多数工作文化的现实情况进行了探索，并与各自所宣称的工作文化进行了对比。格兰特发现，尽管企业之间的工作文化叫法各有不同，但多数文化内容大同小异。

近年来，文化运动所固有的问题变得更加明显：一是文化劝诫倾向于非常有选择地使用数据和证据。二是那些被频频提及用来支持文化变革论点的五花八门的例子并不适用于所有情形。更关键的是，它们还常常无法变通。

运动队、电影制作公司和餐馆很可能创造了极具活力的文化，但它们是一种小规模的特殊类型。从他们身上汲取的经验教训，如果应用到数百人或成千上万人的组织中，效果并不总是像某个赢得奖杯的偶像离开舞台后必然掌声雷动那般清晰明了。

一种简洁而有意义的文化真的能把整个公司团结起来吗？在这个问题上，英国人类学家罗宾·邓巴对群体动力学的研究值得我们关注。他认为，有凝聚力的群体，规模一般都被限制在 150 人左右。一旦超过这个数字，我们的大脑皮层就难以应对，结果便会损害信任和合作。150 人甚至已是一个可持续发展群体的上限。

邓巴的研究还表明，当很多人扎堆在一起时，42% 的时间会被"社交梳理"所消耗。当你匆忙浏览完收件箱里的内部信息，然后一路小跑去参加内部会议的时候，想想这 42% 的时间是很有趣的。同样有意思的是，这个数字应该非常接近咨询公司麦肯锡认为我们花在回复电子邮件上的时间占比，即 40%。这样看来，是否一个鼓鼓囊囊的收件箱，就是一家大公司必须在工作效率上付出的代价？

我们既然知道组建大型集团有多困难，那么强推"企业文化"不易也就不足为奇了。当然，我承认，创建一些用以阐释"这就是我们在这里做事情的方式"的企业文化还是有帮助的，只不过这种价值观声明的普遍问题在于，要么它太含糊，以至于可以适用于任何一家公司，要么它太绝对。

比如有的组织强调自身认为最适合的人格类型，实际上却并不可能令其真正的价值观得以有效应用。强迫人们采取某种特定的态度或工作方式是非常不明智的。假如你那样做，最终只会换来一群愤世嫉俗、毫不敬业或者被迫戴上"工作面具"的同事。

有些公司甚至聘请了"首席幸福官"，这是个有趣的举措，它使得员工的幸福感成了老板的责任。美捷步前首席执行官谢家华非常支持这一做法，他念念不忘让员工适应开心积极的文化，他说他准备解聘 10% 的明显没有遵循"快乐日程"的人。这对那些在那一刻正好遭遇个人生活问题的人，或者那些容易紧张或特别内向的、担心自己看起来不够开心的人来说，都是一个很大的挑战。

在《疯狂的独角兽》一书中，身兼记者和喜剧编剧的丹·莱昂斯，描述了一段有关他曾就职的一家痴迷于自身企业文化的美国科技公司的黑色幽默。在各种反乌托邦场景中，他所勾勒的那个场景，是那些"大男子主义的"同事们每天在午餐时间聚集比赛俯卧撑。在他看来，公司引以为豪的文化，不过是以一种几乎不加掩饰的方式，促使年轻员工将自己逼到近乎精疲力竭的境地，因为他们知道自己可以被廉价地替换掉。

他回忆说："那只是一种兄弟文化。"随后他又补充了从本质上说非常重要的一点："我意识到，文化契合的想法不是件好事。事实上，假如你稍加思索，你就不会想再聘用和你一样的人。你只有聘用与你截然不同的人，企业才能拥有多方位的人才和更宽阔的视野。"

这便是一般公司所宣称的文化或敬业理念的缺点，难怪管理思想家理查德·克莱顿博士会认为，在大型组织中，唯一可持续的全公司文化实际上是一种反讽性的超脱："你必须嘲笑文化才能生存。"即你一边附和着按上头要求做事，一边又悄悄和同样心态的同事聊着八卦、说着风凉话。克莱顿指出，这正是哲学家索伦·克尔凯郭尔所谓的"自我克制的反讽"（mastered irony）的一种应用。

那么同样地，在大型组织中也不太可能实现同质的工作文化。仅仅通过领导的宣扬绝不可能使员工立刻变得敬业。我们需要的是一种更加部落化的东西。你需要鼓励个人组成的小团队相互信任，而不是从公司层面上应对每一个人。你需要让员工有自主权以便专注于他们各自的责任，你还需要提供明确的指导，告诉他们应如何实现团队内部合作，以及如何与其他团队合作。我们需要认识到一点，即假如一个团队碰巧发展出了反映其自身成员多样性的强大个性，只要它知道该如何融入更大范围的组织当中，那这样的团队就没有毒害性。

这就是为什么在接下来的这一部分中，我想把重点放在改进团队文化上。因为强大的动力始于团队的良好合作，而非首席执行官的一封电子邮件。

激发内在动力的三要素

假如你问人们为什么工作，他们会直接明了地回答，工作是因为需要钱。这就是所谓的外在动机——我们为的不是某些事情本身的快乐，而是它带给我们的其他东西。

相比之下，内在动机则会驱使我们为了追求某些工作的自身价值而全情投入其中。它可以是一种非常强大的力量。不然，为何护士或教师会选择从事一份明知比其他那么多人薪水都低得多的工作呢？他们这样做，是因为他们相信它有一种与生俱来的价值，就像那些准备当义工的人乐于把这份工作视为自己的回报一样。假如没有内在动力，就无法克服大量的困难和挑战，也绝对无法完成有些核心工作。

外在动机与内在动机之间的关系很微妙。当有人领到额外的薪水或绩效奖金时，他很容易认为自己比别人工作更努力。事实上，有证据表明，情况恰恰相反。外在激励在很大程度上取决于人们所做工作的性质。

正如作家丹尼尔·平克所言，针对算术式的任务（即你只需"遵循一套既定规则、按照单一的路线一直走，就能抵达最终结论"），利用简单的外在奖励可能会促使员工执行得更快更有效："你干的活越多，薪水和奖金也越丰厚。"但如果涉及的任务是启发性的，也就是说，当"你必须试验各种可能性并设计出一个新的解决方案"时，外在奖励可能会适得其反。

正如特雷莎·阿马比尔教授指出的那样，启发性任务是我们工作的要素，我们从中获得最大的快乐。它们会使我们的大脑神经亢奋起来，要求我们去思考、创造和重构。若用错误的方式进行外部刺激，而不以自身加倍的精力来应对，我们只会与目标渐行渐远。

阿马比尔通过一个创造性的挑战为我们展示了这个难题的真相，那是一项艺术测试，她亲自参与了两个志愿小组的孩子们的活动。一组孩子被告知，谁拍出最好的照片，谁就将获得某种奖励。另一组孩子则被告知，他们得花些时间完成一项艺术活动，当天活动结束时会进行抽奖，以确定谁获得奖品。等两组人都交上艺术作品后，阿马比尔找了一个评审小组来做评判。评委们一致认为，那个对奖励并无多少期待的小组创作的艺术作品更具创造性。通过奖品所激发的外在动机并没能促使工作做得更好、更富创意。

马克·莱珀和大卫·格瑞尼证明了这并非是个孤立的结果，他们所做的类似实验已经成了一个教科书式的案例。这两位研究人员组织了一批对绘画表现出兴趣的学龄前儿童，并给了他们一些自由时间。其中三分之一的孩子被告知，如果他们把自由时间花在画画上，将获得奖励。另外三分之一的孩子被告知可随意玩自己的玩具，但如果他们碰巧决定画画的话，最终将获得一个惊喜奖。最后三分之一的孩子实际上是一个试验对照组：他们可以做自己喜欢做的事情，如果他们选择画画，那也不会获得奖赏。

研究人员在比较不同组别的活动时发现，获得惊喜奖和无奖励组的表现完全相同：他们平均花了大约 72 秒时间画画。但那些受奖励激励的小画家们却只画了另外两组一半的时间。两周后，研究人员再次对孩子们进行了实验观察，研究人员注意到，上次被激励的那些孩子对画画越发不感兴趣，投入的时间也越来越少了。

那这究竟是怎么回事呢？显而易见，画画原本是孩子们内心固有的一种快乐，结果却受外在动机的刺激，变成了一种工作。我几乎可以想象出一群孩子耷拉着脑袋痛苦地看着一堆蜡笔的场景。而且，那些因受激励而决定画画的孩子所创作的作品，评委们认为还不如那些为了好玩而画的孩子们的作品来得更加有趣。这几乎就像是有人把一个大家最喜欢的操场全部铺上混凝土。因此，在你决定把爱好变成工作之前要慎重考虑，这或许可以视为一句警告。至少，我们都应该记住阿马比尔的观点，即"内在激励有利于创造力，而外在激励则有损创造力"。

甚至有证据表明，纯粹为了外在奖励而工作，不仅会挫伤创造力，还会导致心情不悦和抑郁。正如伦敦商学院丹尼尔·凯布尔教授告诉我的那样，研究表明："那些在工作中获得大量外在奖励的员工其实都觉得自己的工作无聊又毫无意义，这种状态令他们备受折磨"。这就是我们说的"冰沙错觉"（smoothie delusion）。你不能仅仅通过给人们各种奖励来让他们热爱自己的工作。再怎么激励，空洞乏味的工作还是空洞乏味的。

假如我们想要充分发挥工作效率，那就应该设法激发内在动力，即让那些神经细胞兴奋起来，而不是把毫无益处的、具有破坏性的各种奖励填塞到我们的激励系统中。但问题是，现代工作总是伴随着一波又一波的烦恼和干扰，这恰恰摧毁了我们应该鼓励的那种激励方式。

人们希望感觉到自己在进步。他们渴望成就感，但工作场所的种种干扰却会扼杀所有满足感。我们希望享受工作本身的乐趣，但一切都与之背道而驰。正如我前面刚刚说过的那样，给那些士气低落的人施加外部激励，不仅解决不了问题，反而很可能适得其反。

在作家丹尼尔·平克看来，本质的内在动力，即真正驱动我们的、令我们感到精力充沛并增加自我价值感的动力来自三个因素的组合：自主性、掌控感和使命感。

◆ 自主性是指我们想要对自己所做的工作产生影响的愿望。

◆ 掌控感是伴随着我们在工作上不断实现进步的一种成就感。

◆ 使命感则能让我们感觉到自己正通过工作为社会和家庭做贡献。

"我认为有两种使命感，"平克告诉我，"一种我将其称之为大写的使命感。比如'我做的是伟大而超凡的事吗？''我今天上班后，要帮助解决气候危机，要让挨饿的人吃上饭、让没鞋穿的穿上鞋'……有证据表明，这股信念的确非常有助于我们提升业绩表现。它无论是在个人层面还是在公司层面都相当重要。但事实上，我们很多人在日常工作中不可能每天都涉及那样的使命感。我不可能走进自家车库里的办公室说'今天我要参与终结对化石燃料的依赖'。"

"我要做的事情比那平凡得多。我只想写本书而已。另一种重要的使命感，你不妨称其为'小写的使命感'。它可以像'我做出了什么贡献吗'这样简单。比如说在公司里，如果我今天没来上班，会有人在意吗？会有人注意到吗？会有什么事因我缺席而做不成吗？我有在别人的紧急关头施以援手解其燃眉之急吗？我显然做了贡献。我做这些事情，确实没能解决世界饥荒。但我做出了贡献。"

事实证明，"做贡献"的使命感，能极大地推动员工在工作中的敬业精神和努力程度。例如，多数厨师可能很难接受这样一个观点，即自己的工作涉及缓解全球饥荒——他们的职业无法体现平克所谓的"大写的使命感"。尽管如此，他们确实有一种使命感，而且这个使命感（"小写的使命感"）可以获得巨大的回报。

哈佛商学院和伦敦大学学院的研究人员对一家餐厅进行了为期一周的研究，他们发现，当厨师们能看到顾客时，所提供的食物品质就会提高。当厨师可以看到顾客、顾客也可以看到厨师时，改进变得更加明显。正如首席研究员瑞恩·布尔所说的："被欣赏让工作更有意义。"

在亚当·格兰特教授看来，自豪感（也许它代表了使命感和归属感之间的交叉点）是敬业的关键要素。如果我们觉得人们尊重我们所做的工作，认为我们的工作有价值，我们便会因自豪而感到振奋。就好比你是一名护士或消防员一样，你知道社会尊重着你的职业。那也许丝毫不会减轻你的工作压力或疲惫，但它或将有助于你保持勇往直前的冲劲，这是你不为之自豪的工作所无法给予你的一种力量。

丹尼尔·平克明确的第一个激励因素"自主性"显然是关键。我们需要自我掌控的感觉，而不是在工作中每时每刻都被别人所控制。但是，自主性则需要与他人的关系保持谨慎的平衡，这种关系对我们的需求层次非常关键（这里说的不是马斯洛的需求层次理论，而是将社交需要与生理需要并列作为基础需求的那种理论）。

从工作的角度来说，那意味着我们不仅需要自主性、掌控感和使命感。我们还需要同步。

同步是人与人之间强大的情感纽带

什么是同步？工作中，它能让同事们更快乐地工作。婚姻中，它是维系夫妻关系的纽带。教育中，它让学生们开心得咯咯笑。社会中，它让领养老金的人感觉彼此更亲近。尽管我们无法衡量它，但可以量化它的影响。也许最简单的定义是，它是人与人之间情感相通的一种方式，它让团队紧密团结，彼此信任。

所有的证据都表明，人们通过与周围的人同步而获得快乐。有时，这种同步可以通过一些精心编排过的行为模式，如与人共舞、参与合唱、集体分享赢得体育比赛后的欢愉等行为来实现。每当我们与他人和谐相处时，我们总会感到阵阵欣喜。

除了那些激情高涨的同步时刻外，还有更加温和、更为日常的同步时刻，它们对我们的满足感、幸福感和归属感有着明显的影响。1920 年，哈佛大学心理学家弗洛伊德·奥尔波特研究发现，即便是与他人一起工作这样简单的方式也会提高工作效率，哪怕彼此各做各的，因为在员工一起工作时，速度较慢的员工会加快速度，努力与速度较快的同事保持同步。

任何与同伴一起锻炼过的人都会发现，当你与某人同步时，你可以将自己的训练耐力推到更高的极限。我刚刚朝窗外瞥了一眼，看到两个孩子在一起玩拍手游戏，当他们努力配合完成越发复杂的手法时，两个人也越发兴奋和开心。

人类学家罗宾·邓巴认为，出现这一现象的原因在于，"同步似乎可以单方面加速内啡肽的分泌，从而提升我们开展群体活动的效果"。与周围的人同步时，我们的能力也会大大增强。

2015 年，传奇音乐家兼制作人布莱恩·伊诺在英国广播公司做了一次精彩的演讲，他在演讲中探讨了这样一个概念：当我们觉得自己与对方同步时，我们会更加信任对方。

这通常是个间接的过程。我们不会要求人们在初次见面时写下他们的看法以便和我们自己的观点作交叉比对。我们会通过闲聊文化、朋友和新闻来帮助自己验证判断。

他接着提到了历史学家威廉·麦克尼尔的著作，用伊诺的话说，其作品"讨论的正是人类在肌肉协调过程中感受到的那种强烈愉悦。

比如在跳舞中，在一起行进中，在狂欢节上，在很多人开展同步的所有活动中"。

伊诺的结论是，无论是通过身体同步还是语言同步，我们都能在同步所创造的信任环境中找到平静。

他说："我们生活在一种瞬息万变的文化当中。在我们一生中的一个月时间，就能涵盖整个 14 世纪所发生的一切变化。所以我们总得接受这一切。我们任何人都没有相同的经历，没错，你可能很熟悉汽车业和医疗业的动态，也了解点数学和时尚。但我们谁也不可能成为所有行业的专家并洞察一切。所以我们需要学会保持同步。"

那些实现了同步的群体显然能从这种体验中获益。研究人员通过对合唱团的研究发现，合唱团成员们的收获，相当于参加锻炼或成功戒烟。

歌唱能够让群体之间建立起一种凝聚力，让我们减少压力，变得更强大。

丹尼尔·韦恩斯坦和他的研究团队注意到，"在排练过程中，成员之间的包容心、互动意愿、积极情绪包括内啡肽的释放量都有所增加"。达到歌唱同步的那些群体，在痛阈测试中也表现出了更高的耐受性——同步竟也能让歌者更强壮。

研究人员还发现，即便是那些表面上看起来大得根本无法联合起来的群体，也能够通过歌唱建起一种凝聚力。这一点实现起来快得惊人："只需唱上一段，一大群陌生人也能和该合唱团中那些彼此熟悉的人打成一片。"

合唱团似乎是人类同步的一个相当极端的例子。但这些基本原则适用于所有群体。即身处一个互帮互助的环境中时，人的压力相对较小。假如周围有我们信任的人，他们会帮我们应对：这能起到缓冲压力的作用。

一项针对那些即使分隔两地但仍能很好地维系婚姻关系的美国夫妻的研究发现，日常闲聊，且聊些看似琐碎的事情是关键。通过看似虚无缥缈的互动保持同步是幸福婚姻的秘诀，哪怕这对夫妻相隔甚远。结构再松散的社会群体也能帮助降低个体压力，无论其创立的初衷是否是为了提供情感支持。

我们都需要归属感。彼此同步时，我们会变得更强大，更有活力，更能相互协作。现在我们就来探讨几种在工作场所建立同步的方法。

同步1

移动"咖啡机"就能重塑团队！

试想一下，你像观察蚂蚁在你家花园里的互动一样去观察员工。你仿佛一个工作之神高高在上，可以俯瞰各种互动的场景，或如一个《模拟人生》的狂热玩家，参与办公室版游戏的互动，你可以看着人们聊天、开会、不合时宜地调情，所有这一切在世界各地的工作场所都在上演。

多亏了麻省理工学院教授亚历克斯·桑迪·彭特兰的开创性工作，我们现在差不多已经能够实现这一想法了。他的天才之处在于将两项现有技术结合起来，创造出了一个极为强大的研究工具，即将"大数据"和心理学结合起来纳入了一个他称之为社会心理学的开创性的新领域。

开创性职场社交研究：高效与创意归功于"聊天"

彭特兰和他的学生先是收集了一些现在我们多数人用来刷卡进

出大楼的身份卡，然后他们将我们现在应用在智能手机上的某些技术集成应用于身份卡上。由此制成的社交测量卡，让他们能够收集人们在任何特定时刻所处位置的精确信息，而且他们不仅能知道人们在与谁交谈，还能通过语调识别谈话中的人们是在回答还是提问。

这些海量数据每 16 毫秒更新一次，然后再与人们在各行各业从事的日常工作的日志结合起来。最终的结果精确地记录了工作中的真实状况：团队如何互动、何时何地最有成效，以及各种想法如何口口相传。

彭特兰得出的其中一个见解就是：电子邮件可能是种非常宝贵的交流工具，但也没有多少实用性。

彭特兰说："我们发现电子邮件对于提高生产效率和创造力并无多大作用。"相反他发现，决定不同组织成功与否的最重要因素之一是"思想流"，即新思想与他人"异花授粉"的能力。而"思想流"主要是与人随意交谈的产物。彭特兰还发现，在银行和呼叫中心，不同团队有高达 40% 的工作效率都要归功于他们通过内部非正式交流而流转形成的各种建议。

彭特兰总结道："事实证明，一般通过非正式的面对面互动而制造出的社交机会的多寡，是影响公司工作效率最多的因素。"换句话说，花时间构建同步，对一个团队的工作效率的贡献能达到三分之一到一半。电子邮件对于团队取得成就几乎提供不了任何增值服务。

不光是工作效率能得以提升。彭特兰还发现，一些最好的想法并非来自那些坐在办公桌前埋头苦干的天才，而是来自一群聚在一起聊天的人。彭特兰认为："从数据来看，大多数情况下，在大多数地方，创新是一种群体现象。"人们会在注意力高度集中的状态下开始独立思考，但随后他们会起身与人交流，以验证自己的想法。"最有创造力的，实际上是那些到处与别人广泛交流并从中收集想法的人，和别人一起娱乐，同时征求他们的意见。"

在现实办公室中，很多最终被塑造成伟大创意的不成熟想法，一开始都源自一些小规模的互动：第一个人听到某个新想法时表现出的些许迟疑，正是在告诉提请人这个想法还需重构。鼓励的微笑和惊喜的点头，则表示对方认可提请人所做的事情很有前途。所有这些面部微表情都有助于塑造、重塑和改进创意。

在彭特兰看来，那些积极与他人广泛交流想法的人，就好比一群在一起即兴表演的音乐家："就像是人们一起演奏爵士乐。他们相互借鉴甚至重复同伴的演奏，唱和互动，但你必须贡献出点东西来，才能合成一个完美的小节。"

鉴于职场对话对于催生新想法的强大推动力，彭特兰认为，当尽一切努力对这种谈话加以鼓励。通常这只涉及一个现实场地如何组织的问题。

彭特兰说，在一家公司，"提高员工工作效率的最简单的方法就是加长公司的午餐桌，迫使彼此不认识的人一起吃饭"。一家银行的客服团队的位子从一个孤零零的角落被移了出来，因为有人发现，其他同事很少会路过那个地方，这导致银行的项目做得一塌糊涂："通过改变座位布局，该银行得以确保所有人，包括之前被孤立的客服团队，都打成了一片。"

调整"茶水间"让核心团队挨得更紧

彭特兰的思想成果后来被许多跟随他学习的人应用和发扬。比如他的一位学生本·瓦贝尔创建的一家新的初创公司 Humanyze，现在就在向其他公司出售社交测量卡，帮助他们锁定办公室中正在发生的一切，以及哪些问题需要如何改进：团队间彼此协作是否有效？沟通瓶颈在哪儿？

和彭特兰一样，瓦贝尔和他的团队发现，这些办公室所需的修复方法通常非常简单。为了提升办公室员工之间的合作力度，老板们会花好几天时间进行团队重建，却置咖啡机的摆放位置等于不顾。在瓦贝尔看来，这是个巨大的错误。"咖啡机的位置，"他对我说，"在影响谁会与谁交流这点上，作用差不多等同于组织架构图。"

咖啡机的位置直接影响了团队交流。

那你应该把咖啡机放在哪儿呢？别急，这取决于你想要达到的目标："举个例子，如果你把它放在某个团队的区域里，那么该团队在内部会备受关注，他们会拥有很强的号召力。而从另一个角度讲，如果我把它放在两个团队之间，那么他们之间的交流会变得更多。如果那就是我的目标，那我就应该那样做。"

也许你的工作场所没法移动咖啡机、饮水机等。如果是这样的话，也许你应该考虑让核心团队挨得更近些了。有些公司就在各个团队之间的区域安装了电视，用来直播新闻或体育赛事。无论你作何选择，喝着薄荷茶聊天的过程，很可能是你公司下一个伟大创意的来源。

让员工彼此多交流。这是建立同步的秘诀，且做起来一点也不难。

记住，能令团队彼此更加亲近的任何改变，哪怕再小，也有助于增强合作、增加信任、提升创意。

调整一下咖啡机的位置，这能帮你实现你的想法：让需要互动的人们彼此互动起来。如果没法调整，就考虑动一动团队最关注的一些焦点吧。

试试加装几部电视，添加几张沙发，或者找些能让团队成员停下来互相交谈的理由。

同步 2

茶歇之道：和同事一起轻松一下

科技领导者 Humanyze 公司的首席执行官瓦贝尔向我介绍了他的公司在美国银行呼叫中心曾做过的一项实验。呼叫中心是资本主义的一种进化形式：一切都围绕着生产力的最大化而构建。如何才能让成千上万的接线员处理更多来电呢？尤其是如果你想让那些来电问题都能够得到愉快的解决？这是呼叫中心每天都在面临的挑战。

像接线员这样独立的工作，根本无须团队合作、情感互通，或者能激发"思想流"的真正意义上的任何团队互动——你这么想我也能理解。显然，这些呼叫中心的发展方式似乎也证实了这一点。瓦贝尔和他的同事观察的团队都是独立自主开展工作的。每个人各自处理各自的来电，然后每天上午 10 点和下午 3 点左右在一个偏僻的休息室里稍事休整。他们在那儿自顾自地喝茶或咖啡，然后再次回到电话混战当中。

观察到这一点后，瓦贝尔和他的同事们做了点微调。呼叫中心的员工之前是挨个单独休息，现在则可以分组一起休息 15 分钟，暂时躲开电话咨询和抱怨的狂轰滥炸。结果如何? 这么说吧, 其中有一项数据应该不至于会太出乎意料:"团队的凝聚力提高了18%。" 瓦贝尔对我说, "因为现在你能和团队所有人在同一时段休息, 你说你会期待什么? 你当然会选择和他们交谈。"

但令银行老板们感到惊讶的是其他的影响。首先是员工的压力水平下降了19%, 这主要是因为同事们现在有了机会能和其他人聊聊自己刚刚被迫处理的难缠电话了。其次, 自从引入了这一零成本、统一协调的15分钟休息时间以来, 团队的工作绩效提升了23%。换句话说, 呼叫中心导入同步后, 该中心的工作效率提升了近四分之一。

多和同事聊聊工作吧

仔细想想, 这也是显而易见的事情。

呼叫中心的工作包括一系列激烈的电话互动。大多数匿名来电者都在吐槽社会最糟糕的一面, 很少会有积极或热情的来电, 因此接线员们的平均压力水平远远高于其他工作。一个工作时段结束后, 接电话的人会感觉非常疲惫。他们听到的是人们怒不可遏的声音, 这些声音可能比我们在处理和家人、朋友甚至其他同事的棘手问题时更加愤怒。

也许去电的人是想拿回自己的钱, 或者是想满足自己的某个需求却又不想花钱。很多时候, 我们就像是拿着游戏机手柄玩格斗游戏的新手:我们不太确定要按哪个按钮才管用, 于是便同时按下所有的键, 只希望这么做多少能达成自己的某些意愿。

因此，呼叫中心的工作人员在挨个轮流休息那会儿，他们的状态是，和陌生人一起走进自助餐厅或休息区，静静坐上 15 分钟，在手机上滚动浏览几百个动态，喝喝咖啡，然后再回到呼叫中心开阔的大厅。此时他们耳边其实仍回荡着上一时段通话的声音。但当他们的休息制度经过调整，改为分组轮休以后，他们便可以和同事一起聊天，分享刚刚发生的事情了。这些故事可能太枯燥，无法带回家讲给另一半听，抑或会搅了朋友一晚上的兴致，但他们与同事彼此倾诉之后，多少也减轻了些压力。

随着同步的力量被释放，呼叫中心的员工不仅内心压力开始减轻，而且彼此之间还开始做一些实用和有效的提醒了。"哦，我也遇到过这种情况。我是这么回答的……""我也接到过类似的电话。你为何不试试这个方法？"通过这样的对话，团队成员得以互相指导、互相培训，解决他们遇到的共性问题。

这里还有一个非常重要的问题需要说明。这些互动是没有事先策划的。瓦贝尔观察发现，团队会议并没法达到类似的同步效果，或者他常称之为的"凝聚力"。呼叫中心员工们休息时的交谈之所以奏效，是因为它们是自发的。

呼叫中心的这一课提醒了我们一点，那就是在多数工作场所该如何激发创意。当接线员找到更好的方法来解决客户的问题时，实际上正是他们自己点燃了创意思维的火花。我们对创意心怀敬畏，但事实是，无论我们是在当地政府办公室、超市、律师事务所工作，或者说还是在呼叫中心工作，创意无非就是找到一种更好的方式来完成我们试图完成的工作。

瑞典人的"菲卡"休息术

边休息边聊天，对瑞典人而言早已习以为常。在那里，菲卡（Fika）的影响力世代相传。菲卡一词常被翻译成"咖啡加蛋糕"，最典型的就是短短 15 分钟的咖啡休息时间，但它和饮用咖啡因和碳水化合物一样，更多的是一种精神状态。在整个瑞典，菲卡代表着一种标志性的时刻，诸如沃尔沃这样的企业都会为此暂停生产，以便让员工稍事休息、恢复精力。

正如宜家家居网站上所阐述的那样："菲卡不仅仅是一次咖啡休息时间，它也是一个与同事分享、联系和放松的机会。有些最好的想法和决定都产生于菲卡时刻。"有时邀同事一起，有时独自享受，瑞典人视菲卡为一个放慢脚步、有助反思的时光。

事实上，如今许多瑞典公司都在鼓励员工边走边聊着去当地的咖啡馆休闲片刻，这也是菲卡的一种现代体验。以前我们很多人会因喝咖啡休息而感到内疚，做杯饮料然后回到我们的座位上，没问题，但坐下来放松 15 分钟足以让自己觉得像是在偷懒。而菲卡却向我们展示，它能让我们再次精神抖擞地进入最佳思考状态，给身心重新注满能量。

因此，不仅仅是呼叫中心可以从这种日常微调中获益。无论你是提议你的团队放下手头的工作喝杯下午茶，还是提议他们集体散步到最近的咖啡馆聊个天，菲卡或许就是能帮你实现团队更多同步的方法。

做个试验。建议你身边的人短暂休息一下。你可以利用休息时间步行去一家咖啡馆，或者走到办公室另一层的茶水间，用那边的水壶倒杯水。一开始试着每周休息两三次，并在每周五前记下它的影响。

试着在你觉得最不可能抛开手头工作的时候和别人一起出去走走。有人说，经受压力和疲惫的时候，稍事休息似乎最有效果。

同步 3

会议时间减半

贝宝（PayPal）的首席运营官大卫·萨克斯出现在办公区时现场常会出现像是美国实行禁酒令时期的一幕。他在七百人的办公室里踱来踱去，就像一个在搜查地下酒吧的警察。他会突然打开会议室的门，驱散任何他认为毫无必要的会议。一位同事后来说，萨克斯"推行了一种反会议的文化，任何超过四个人参加的会议都会被质疑，只要他认为效率低下，就会立即被叫停"。

萨克斯自己解释时说，他认为人们如此热衷于开会，实际上得归咎于公司最近的一次并购，这次并购使得经理的数量比实际需要的翻了一倍。经理们开会纯粹是为了在新的权力结构中彰显他们的重要性。

贝宝的情况可能有其特殊和怪异的一面，但萨克斯揭示的，实际上也是个普遍现象。现代办公室生活的一大挑战是如何准确评估人们的能力。我们如何判定他们是否擅长本职工作？你会认为，我们会尽可能衡量他们的日常工作，他们的想法，以及他们在团队中有效运作的能力。事实上，我们也很有可能会根据他们在会议上的发言或演示来作评估，尽管会议和真正的工作效率并无多大关联。聚在一起讨论一个共享项目有时会让人感到充满活力和富有成效。而开会则常常开得让人心灰意冷。

花那么长的时间与其他人坐在一个房间里能否算是合理利用时间？广告界的传奇人物罗里·萨瑟兰德对此就曾表示高度怀疑，他还将他并不认可的这代人的做法和过去盛行的做法作了比较。他说："在 20 世纪 80 年代的广告界，很多时候你做不了太多事情。你把材料放进工作室，然后就只能坐等结果出来。等摄影完成，又得等第一次润色之类的。所有这些都会迫使工作出现停顿。这些停顿的时间大多被浪费掉了，就像现在很多事情一样。但当时那种浪费是一种特殊的浪费。没错，80% 的时间似乎是被浪费掉了，但 20% 最终是实实在在产生价值的。你得反复现场沟通落实，否则很难出来好的创意……"他总结说："我认为我们都必须重新学习如何回归到工作现场进行思考，因为科技和电子邮件来得太快，一些礼仪、实践或行为规范根本来不及跟上。"

"棉花糖挑战"：商学院学生竟不如学龄前儿童？

为了弄清楚为何会议如此效率低下，我们有必要看看近年来人类动力学中最有趣的实验之一。棉花糖曾两次出现在科学研究的标志性作品中，而棉花糖测试 ① 也可能是最为人们所熟知的。但教我们

―――――――
① 孩子们被留在一个放了一块棉花糖的房间里，并且被告知他们现在可以吃，或者他们愿意的话也可以等上 5 分钟，届时他们就会得到两个棉花糖。事实证明，孩子们的延迟满足能力是其日后能否成功的一个有力指标。——译者注

如何在会议上发挥权力作用的，则是一个名称相近的叫作"棉花糖挑战"的实验。

这项挑战是掌中宝（Palm Pilot）设计师彼得·斯基尔曼在研究探索团队如何解决问题时设计的，其设置非常简单。志愿者们被分成几个小组，每个小组有18分钟的时间，用20根意大利面、一根一米长的胶带、一根一米长的绳子以及一块棉花糖自由搭建一座尽可能高的独立构件，棉花糖必须最后放在构件顶上。

这听起来简单，但斯基尔曼的观察结果表明，不同群组应对挑战的方式不尽相同，完成质量更是大相径庭。值得注意的是，持续保持最佳表现的是学龄前儿童组。表现最差的是商学院的学生，尽管他们尽了最大努力。

在挑战中承担了思想领导的角色的心理学家汤姆·武耶克，描述了团队开始练习时通常会发生的事情："通常大多数人首先确定自己的任务。他们谈论方案，描述方案最终的样子，相互争夺权力。他们花时间进行人员组织与安排，然后铺开意大利面，把大部分时间都花在了组装这些意大利面支撑柱上，以期能够不断朝上搭建。"

这听起来是不是很熟悉？就像我们平时开会时的状态一样。"最后，时间所剩无几，有人拿出了那块棉花糖。他们小心翼翼地将它放在顶上。搞定！他们对眼前的杰作沾沾自喜。然而事实上，多数时候是'搞定'成了'完蛋'。那块棉花糖最终将他们的杰作压变形甚至压垮了。"而此时挑战时间也刚好用完。

那么，为什么学龄前儿童在这个挑战中表现得如此出色？他们不仅搭建出了最有趣的结构，而且高度最高。用彼得·斯基尔曼的话来说："在这个过程中，没有一个孩子花时间试图成为意大利面条公司的首席执行官。他们没有浪费时间去争夺权力。"相反，他们更多的是以一种非语言的方式进行互动，直接抓了材料就开始搭建。

他们试着用不同的手头材料来搭出不同形状的构件（斯基尔曼称之为"原型想法"），这种行为方式通常甚至无法找到词语来形容。他们很快发现，长得像云朵一样的松松软软的棉花糖并不能用来搭建基础：它就是一块凝固了的糖，重得足以压垮任何结构，除非把要搭的结构的基础打得足够结实。

相比之下，商学院的学生就不仅因为受过教育，凡事要寻求唯一正确的答案，他们还至少将一部分精力集中在了如何确立自己在团队中的地位上。每个学生都想成为发现完美答案的天才，或是小组的领导者，或两者兼而有之。

于是，解决问题就蜕变成了一场虚拟战争，当中真正的利害关系在于每个战斗人员都属于团队中的知识阶层。商务会议遵循着几乎相同的模式：团队成员可能真的试图解决某个问题，也可能只是想维护自己的地位，抑或两者兼而有之。

我的一位同事乔治娜为了实现到一家顶级餐厅工作的梦想，放弃了在推特公司辉煌的职业生涯，当时她就亲历了一次现实版的"棉花糖挑战"。

乔治娜参加了国际知名的利思烹饪课程，她发现那里的学生被粗略分成了三个年龄的小组。其中一组由 19 岁或 20 岁的离校生组成。第二组成员都是 30 岁左右。最后一组的成员年龄在 40 至 50 岁。

她很快发现，团队成员年龄越大，他们需要学习的时间也越长。

但这并不是因为认知能力随着年龄的增长而下降了：成员年龄较大的小组表现出与成员年龄最小的小组同样的兴趣和投入。问题是，年长成员的小组始终在交谈和辩论，他们对每个细节都要进行讨论和剖析。小组成员们下意识地强调自己的社交地位和角色的行为削弱了自身的学习能力。

"会议能达到社交目的，但的确毫无效率可言"

我之前提到，人类学家罗宾·邓巴认为，人们至多能与 150 人建立信任关系（这一理论有时被称为"邓巴数"），一旦达到这个极限，我们 42% 的时间都会花在"社交梳理"上，即与周围的人建立并维持可信的关系。

我之前在谈到电子邮件时也提到，会议在社交梳理中扮演着重要的角色。我们在一个复杂的职业关系网中摸爬滚打时，需要利用它们来处理自己与他人的关系。

卡斯商学院的教授安德烈·斯派瑟在谈到让公司员工建立联系的权衡需求时解释道："会议有助于润滑同事关系。这是一种社交装扮仪式，就像猴子在彼此背上捉跳蚤一样。"问题是，这类会议或许能够达到某种社交目的，但的确毫无效率可言。

谈到这里，常有反对者会说，会议有好有坏，不能因为有些会议效果不佳，就错误地认为所有的会议都是浪费时间的。热衷于这种办公室会议的人常常鼓吹，会议的有效性可以通过严密的议程和明确的目标来进行保证。他们之所以知道这一点，是因为他们在商学院读书时记过笔记。这些专家几乎无一例外都要为自己主持召开的那些沉闷得简直折磨人的会议负责。我曾和一些管理咨询顾问一起参加过太多这种商学院派的会议，故而知道他们声称自己召开的会议效果更好是个谎言。

事实上，无论谁主持会议，效果都不尽如人意。Humanyze 公司的本·瓦贝尔强调，会议无法创造出伟大团队所必需的凝聚力："结果再清楚不过。无论是正式会议还是人们坐在办公桌前聊天，都不会增强团队凝聚力。"

研究职场工作效率的人类学学者莱斯利·珀洛曾指出，我们中的许多人认为，会议不过是对一个富有成效的工作环境征收的"文化税"。当员工"为会议牺牲自己的时间和福利时"，"他们会认为自己在为企业做最好的事情"。这是对一般会议的最佳描述。问题是，如果下一代工作的目标是让我们更有创造力，那么对思维征收"必要的税"可并不是一个好的起点。

人们对会议诟病较多的是，它们往往会在我们工作最有效率和处于创造性活跃状态的时候召开。我们给了它们一天中最好的时间，却不得不把更多创造性工作留到午餐时间或晚上。结果我们得在回家的路上才打那个重要的电话，或者一边吃饭、一边在笔记本电脑前写一份关键战略文件。

如果你发现你跟别人说过你来得早，是因为这是你唯一能用来完成工作的时间，那你就能明白那是何等的万念俱灰了。你也会因自己协助制造了这个麻烦而感到愧疚。

开会人数要少，会议时间更要减半

现代工作充满了阻碍我们进步的太多障碍，以至于我们常常会忍不住分心。人人都很清楚那 20 分钟演示是别人的部分事务，跟自己毫无关系，而我们却仍要被迫着听完全程。如果我们不得不听一些对自己无关紧要的话，那么听一回是善意，定期听则是负担。这就是即使是好员工也喜欢在自己不被关注的时候掏出某些设备试着刷几条信息的原因。

简单来说，开会人数要少，会议时间更要压缩。高效会议的目标是必须让尽可能少的人在会议室快速作出决定，同时让其他人了解形成决议的过程。投资公司桥水联合基金在这方面做到了"完全透明"，他们记录了所有的开会过程，任何人但凡有需要，无须与会，也可以随时查看会议详情。此外，开会时也应该高度专注。例如，有篇研究论文总结道："团队内部的功能性互动越多（比如问题解决方面的互动和行动计划等），该团队对会议的满意度也就越高。"激情和方向当然对会议效果也很有帮助。

但总的来说，最好的方法是尽量将会议时间压缩一半，同时提醒自己，那部分时间是徒劳无功的社交梳理，多数是在做表面文章，而非高质量的讨论。缩短会议时间能让讨论更加切中要点，而当我们为某件事情安排出半小时或 1 小时的时候，这种紧迫感往往会消失殆尽。

有些团队认为，不妨把定期会议或同步时间记在日历上，如果没有什么可讨论的，就将其划掉。这样的日历设置可以确保每个人都是自由的。当人们看到那个死气沉沉的周会议被取消时，内心肯定会立刻愉悦起来。

我采访过的一家大型英国公用事业公司告诉我，他们正在考虑做个尝试。他们的想法是，员工可以先论证每周的跟踪会议是否有足够的讨论内容，然后投票决定是否如期举行。该公司的最终目标是将每周几小时的会议时间缩减一半。

当然，假如老板不这样看待会议问题，我们也无能为力，但我们还是有必要让自己成为一个温和的改革者。如能引发一场讨论，并提供出说明减少会议可能有助于成功的证据，以我的经验，还是有机会做些改变的。有时仅仅是禁用 PPT 演示便会有这样的效果：人们没法照本宣科时，往往会以更快、更口语化的方式表达自己的观点。

会议也许无法避免，但我们还是要勇于成为办公室变革的推动者试着让会议变得更加高效。

开始提问。问问主持会议的人，是否能在更短的时间内完成这场会议。问问自己想要召开的会议的与会者，是否需要在本周内进行当面交流。通过你的提问，其他人也会参与提问，确定哪些内容是无须讨论的。

建议你的老板尝试建立某种机制，明确哪几天不开任何会议。一些尝试过这种机制的公司发现，那几天员工坐在自己位子上相互交流，往往也能实现与专门开会一样的目标，而且更具活力和激情。

建议你和你的团队一起举行一场"棉花糖挑战赛"，然后讨论从中可以学到什么。提醒一下这个挑战赛的做法：在18分钟内用20根意大利面、一米胶带、一米绳子和一个棉花糖搭建一座最高的独立构件，搭完后，必须将棉花糖放在构件的顶部。通过这项活动，你在团队决策方面学到了什么？

同步 4

周五下午，来一场"社交聚会"

在上一节，我建议要将会议时间减半，而在这一节中，我又建议要在日历中创建一个社交聚会的活动时段，这似乎有点违背常理，但这可能是任何团队都能做到且又可以建立同步的最不可或缺的一项工作了。

我们多数人都认为，工作汇报、电子邮件和演示文稿对我们的业绩至关重要，而在咖啡机旁与同事交谈则毫无意义。"你难道没事可做吗？"我们一边抱怨那些闲聊的人，一边匆匆回到位子上回那封至关重要的电子邮件。但我在前文中提到的发明社交测量卡的本·瓦贝尔则认为我们是错的。他收集到的所有数据都让他相信，那些我们横加指责的随意交谈，对职场的工作效率有着直接而明显的影响。正如他所指出的那样："我们之所以需要团队，是因为有些事情我们无法凭一己之力完成。你得相互协调才能有效完成。有效协调意味着你不必重复劳动。"不鼓励非正式的交谈，与把人们组织到一起的商业初衷背道而驰。

被低估的"面对面交流"

在瓦贝尔看来，面对面交流是激发职场工作效率的一个至关重要的因素，但它却往往被低估。例如，他在评估软件工程师的工作时发现，那些远程操作的人比那些经常与同事接触的人工作更慢，业绩质量更低。瓦贝尔说："你的代码依赖于成千上万其他人的代码。如果你不与他们交流，就会出现漏洞。"

通过几十年的有效研究，他甚至已能量化软件工程师远程工作的不足，他认为："假如我的代码依赖于你的代码，而我们互不交流，那么我们得多花 32% 的时间才能完成那个代码。"

几年前，互联网公司雅虎禁止员工在家办公，理由是其他同行也没有这样做。在瓦贝尔看来，这是正确的决定，但理由是错误的。他认为，雅虎应该指明证据，即远程办公的员工与团队中的其他人交流不够。他的数据显示：远程工作的员工平均每周仅沟通 7.8 次，而紧挨着一起办公的员工，平均每周沟通 38 次。瓦贝尔认为，当这种情况发生时，一切都会受到影响：工作缓慢，质量下降，成本上升。因此，持续的非正式沟通是确保企业正常运转的关键润滑油。这样才能创造同步。问题是：确保实现这一目标的最佳方法是什么？

从谷歌到推特，众多公司无与伦比的"社交聚会"

玛格丽特·赫夫南深知这条路的艰难险阻。赫夫南是个老到的职业首席执行官，曾先后担任 5 家公司的老板，充分显示了其在领导能力方面的超强适应性。一次工作调动，她从英国到了美国，在那里，她感受到了波士顿的新团队与她在大西洋彼岸前一份工作中截然不同的互动方式。

"在第一家公司，我做了你能想到的所有事。我聘请了各种杰出和优秀的人才，让他们去解决各种棘手的问题。我看到场景是，所有人按时上班，非常努力地工作，然后下班回家。我记得特别清楚，我当时总觉得这种工作模式不对劲，它没有我想象的那种欢快活跃的气氛，不像我在英国时经营的公司。我反思了一下，想弄明白'到底哪儿出了问题'，我就是觉得这种工作模式有点太机械、太程式化了。"她挠着头想知道为什么会这样，然后突然想到了一个可能，原因很简单："我对英国公司印象最深的是，一天的工作结束后，或者说周五下班后，人们会去泡酒吧，等可怕的伦敦高峰时间过去。"

想到这一点，赫夫南做了一件现在回想起来都觉得最简单的事情。她导入了每周一次的社交聚会。每周五下午 4 点半，她让所有人都停止工作，大家聚到一起听几个同事站起来介绍自己是谁，负责什么工作。起初，正如赫夫南首先承认的那样，聚会"相当尴尬"。但她还是始终坚持，因为她已经"智穷"，"不知道还能做什么"了。

很快，尴尬和难堪就成了过去式。同事们放松下来，开始简单地交谈。由此建立起了交流的纽带。赫夫南说，最后每个人都认同这个新颖的社交聚会是"绝对变革性的"："任何组织的活动都有一个整体预设，那就是团队互相协作比个体单打独斗能做更多的事。但这只有在人们众志成城的情况下才能奏效，只有当他们相互信任的时候才能实现。"这就再次提醒我们，正如我之前讲过的那样，同步是催生"归属感"的一种高级手段。

这种社交聚会的令人着迷之处在于，很多公司最终都争相开始作类似随机而非刻意的安排。在推特伦敦公司，我们有一个周五下午的聚会时间，叫作下午茶时间。你若是非让我说清楚它有多大价值，我可能也会一时语塞。但就激励团队而言，它的作用可以说是无与伦比的。

在下午茶时间里，有些人磕磕绊绊地走到房间前面，向聚集在一起的两百号人介绍他们的工作内容。另一个人起身分享他们团队最近正在做的某个项目，这个项目其他人可能还从未听说过。圆满收官前，团队中某个最擅长讲故事的人会站出来，分享一个本周推特公司内部发生的事，这些事有的是有趣的，有的是悲伤的，有的又能让我们从中学到教训。大致过程就是，大家一边聚会一边还可以享用一些饮料和食物。

推特的创始人比兹·斯通向我介绍了这一聚会的来龙去脉："下午茶是从我说我们应该复制谷歌的做法开始的。我认为每周五我们都应该停止工作，聚在一起讨论本周的事情。我们这周贡献了什么？出了哪些问题？是否有人有什么有趣的东西要分享给我们大家？不管是关于他们自己的工作，还是他们觉得颇受启发、颇为有趣或者引发自己另外一些感受的其他人的事情。所以我们就这么做吧。

"杰克·多西也说：'太好了，我们下午茶时间定在下午4点吧。我来沏茶。'但我买了啤酒，放在冰箱里，结果每个人都只喝啤酒。"

斯通解释说这没什么复杂的，他们所要做的就是让大家"成为一个团队"。斯通接着道："这让人们都了解了那一周发生的事情。而我则可以和一些销售人员交谈，在平常工作时间我不可能有机会和他们交流。很重要的一点是要开心，顺便和领导开玩笑。你知道，每个人都会这样说：'哦，是首席执行官杰克·多西，天哪，我最好别对着他。我不能坐在他旁边，这么个大人物。'但我总是戏弄他。他还挺享受。"

因此，在办公室里举办成功的社交聚会，既可行亦可取。但正如在酒吧喝酒能让人不再那么保守拘谨一样，办公室里也需要有些东西来帮助人们放松。在此，我会建议备点食品。

"疯狂星期四"：大家来集合！

扬·罗比凯广告公司的新业务主管克劳迪娅·华莱士告诉我，她所在的公司每周都会举行一次名为"薯片星期四"的仪式。该仪式是自然生发的，由一位超人般充满活力的前台首创。

华莱士介绍了这一仪式的具体过程："每周四下午 4 点 25 分，公司里每个人都会收到一封来自前台主管吉莉安的电子邮件，邮件会说：'又到了'薯片星期四'，一周中最美好的时刻。'而在办公室中央的一张长桌上，则摆好了一系列用碗装好的薯片。所有人围在一起，吃着薯片，谈论着这一周的情况。"为了保持有趣和新奇的感觉，每周都会有一个稍微不同的主题，比如"几周前有一个品客周，吉莉安穿得像个品客薯片罐头就来了"。

华莱士认为，"周四下午 4 点半是个不错的时间点。这时已经接近一天或一周的尾声，人们觉得他们可以休息一下了"。但她同时告诉我，整个活动可不仅仅只是吃薯片。过程通常持续不超过半小时，但它为那些偶然相遇的团队成员创造了理想的环境，事实证明这种方式的碰面极有价值。"在广告公司，拥有这样让人们相处的时刻至关重要。有时你会在现场和那些你一周都没来得及约的人交谈，因为你之前一直没时间安排与对方的会面。你相信大多数人都会去参加'薯片星期四'活动。有时你会聊聊工作，有时你也可以根本不谈工作。"

这让我想起苹果公司的联合创始人史蒂夫·沃兹尼亚克在他的回忆录中所写的他早年在惠普工作时的情景。他回忆说，一辆满载咖啡和蛋糕、上午10点和下午2点准时到达的小推车，让工作日变得更加愉快。咖啡和蛋糕休息时间常常是进行有价值的讨论和交换意见的机会。

但也不一定非得是蛋糕或薯片。安迪·普利斯顿告诉我，他在英国广播公司一台担任数字节目负责人时。"一台最激动人心的时刻就是每月一次的比萨会议，"他回忆说，"每月一次。"

一台台长安迪·帕菲特会为员工提供比萨和饮料，"让尽可能多的人挤进会议室（我们会将桌子和椅子搬出会议室）"。

普利斯顿认为，正是由于空间紧密局促，使得定期聚会有了独特的"所有人都在一起"的氛围。由此带来的便是某种神奇的力量。"这确实有一种家的感觉，让同事近距离接触，而不是分散在空旷的会场，这种感觉非常特别。如果你曾经举办过派对，你就应该知道场地的大小对派对能否成功至关重要，让一大帮人挤在一个在狭小的空间内比散在一个大房间里更容易玩得尽兴。"

当然，比萨聚会的意义不只在于比萨、局促的空间和享乐时光。在普利斯看来："聚会肯定有同步的成分。所有文化都需要同步，这一点很重要，因为它能普及知识。聚会的情绪内容使其真正发挥了聚会的作用，且如此有效。"那食物对此有帮助吗？"食物本来是吸引人们围坐在餐桌前的东西，但接下来还是要取决于你谈的内容，以及聚会的目的。"值得注意的是，当时在对英国广播公司员工的满意度调查中，一台高居榜首。

前文中提到的桑迪·彭特兰花了不少时间测量这些互动的影响："社交时间对团队绩效至关重要，常常在交流模式的积极影响中占比超过 50％。"这证实了玛格丽特·赫夫南的观点："关键是人与人之间的社交联系。"

如果你想让员工彼此有效合作，你就必须给他们机会非正式地见面，适当地了解对方，交换意见和想法。"如果你真的相信合作的价值在于人才和创造力的聚集和组合，那么你就必须创建一个人们真正愿意互相帮助的环境。只有当人们换位思考、相信自己在需要帮助的时候会得到他人的帮助，人们才会真正愿意互相帮助。"

所以，出去买 5 份薯条，办个社交聚会吧。

不要理会那些愤世嫉俗的人，试着组织一场社交聚会。

利用或者变通一下组织规定，就像英国广播公司一台一样让老板买比萨。可能现场不许喝酒。如果是那样的话，那也可以一起买点烘焙食品，或者干脆端杯茶移步到会议室聊聊。

在这里我要提醒一下反对者，研究人员已多次发现，团队以社交形式碰面时，同步效果最佳。

你可能需要在一开始就通过给企业添加一个古怪或有趣的元素来调动大家的积极性。

同步 5

开怀大笑吧

怎么会有人不爱笑呢？孩子们就喜欢笑。但为什么成年后的他们看上去总是不苟言笑？他们是怎么从儿时的一脸灿烂变成如今的满脸痛苦的呢？没错，世界当然是残酷的，但从微笑到皱眉的转变似乎是一个巨大的悲剧。

不仅仅是因为笑或者看到别人笑会让人觉得开心，幽默实际上是帮助我们应对困难和保持理智的一个非常强大的工具。劳伦斯·冈萨雷斯和阿尔－西伯特等作家研究了笑对我们的影响，他们认为笑能让人变得更加积极和坚韧。

人们经常注意到，那些陷入痛苦处境但能在困境中找到幽默的人比那些只感觉焦虑和压力的人应对得更好。例如，证据表明，那些在飞机失事后从丛林中走出来的人，并不是那些时刻保持意志清醒的人，而是那些承认在绝望中出现过奇怪轻松念头的人。他们发现自己虽显然已身处绝境，但竟莫名其妙地感受到了些许乐趣。

同样地，那些从事非常危险或压力巨大的工作的人，在有幽默感的时候也会表现得最好。冈萨雷斯还研究了求生心态，观察了战斗机飞行员的黑色幽默。他发现，即使是在战时每日例行简报会上也能见到这一幕："在真正的求生环境中，毫无疑问你时刻面对着死亡，假如你从中找不出一些滑稽可笑甚至奇妙而鼓舞人心的东西，那你已注定要被伤害。"

针对陆军野战医院的研究报告显示，这些地方充满了欢笑："这只是为了让他们能够更好地工作。"

在《幸存者性格》一书中，阿尔·西伯特这样描述着那些有求生心态的人："他们笑面威胁，不停地玩，不停地笑。通过玩，让自己不断地与身边发生的一切保持互动。"在这种情况下，用劳伦斯·冈萨雷斯的话来说，幽默是一种"缓和情绪的反应"，它能够帮助那些竭力想要度过灾难的人从恐惧的麻痹状态转变为更加积极应对的精神状态。

不可否认，办公室与作战室或陆军野战医院并不完全相同。但即便如此，幽默在办公室中也有用武之地。有证据表明，它扮演的角色远比你想象的要复杂得多。很简单，它能帮助我们同步。

笑不仅是幽默，更是拉近彼此距离的社交信号

心理学家罗伯特·普罗文对笑这种人类用来彼此同步的方式一直有着强烈的兴趣，他对办公室生活和文化提出了宝贵的见解。他开始研究笑，于是他邀请人们三人一组到他的实验室观看喜剧视频，而他在一边观察。令他沮丧和懊恼的是，竟然没有人笑。但他还是

偶然得到了一个重要的发现，我们可能都认可这点：陌生人加喜剧电影并非一个制造笑声的好方式。于是他关掉视频，穿上外套，朝街上走去。在购物中心、办公区和校园里闲逛时，他偷听人们谈话，等着他们谈着谈着笑出声来时，他就把观察到的过程记录下来。我觉得这种研究方法还是有风险的，但幸运的是，从来没有人把他当成坏人或便衣警察。

普罗文沉浸在对快乐的研究之中，至少从表面上看，他总结的非常简单："笑，"他说，"可视为一种审美上和声音上都毫无创造性的'人类之歌'。"就像鸟儿"啾啾"，附近后院的吠声相闻，或者群狼齐嚎，人类也因笑而彼此亲近，达到同步。"笑是典型的人类社交信号。笑涉及各种关系……想想你最近一次坐在观众席上，笑个不停，周边也是一阵阵的笑声冲到你身上的时候，"普罗文写道，"那是一种愉快的经历，是人生中最好的经历之一。但你可以再想想动物齐声叫唤的原始特性和观众同步他们声音的方式。"

"同步他们的声音"并非是一个能让我们自然联想到笑声的短语。我们能想到的是观众对喜剧演员使出撒手锏时的反应：喜剧演员抛出了最大的一个梗，观众们则报以一阵欢快的笑声。但事实上，普罗文在这里说的是完全不同的东西。这里所说的笑，不只是因为觉得笑话有趣而产生的一种反应，更多是指作为社交绑定和集体调和的一种形式。

通过深入办公场所，普罗文得以研究和记录超过一千次的笑的场景。他发现，笑并不仅仅是由幽默或搞笑的话引起的，而是由一些看似无关紧要的话引发的，比如：

"咱们待会见吧。"

"这事儿我们能搞定。"

"我想我吃饱了。"

"我早就告诉过你。"

"给你。"

"肯定很棒。"

这种笑并非是对幽默的回应而是人们活跃现场气氛、改善情绪、创造亲近感的一种手段，最终便会产生如我们在动物身上观察到的某些效果。就像林中鸟儿叽叽喳喳叫成一片那样，我们也一起笑着拉近了彼此的距离。参与其中的冲动此时超越了幽默本身的效果。"你知道，事后想想其实也没那么好笑，但是……"

笑需要的不仅仅是幽默。普罗文想重点表达的是："我们容易忽视一点，那就是人们笑，是因为它会对他人产生影响，而不是为了改善自己的情绪或健康。"正如伦敦大学学院的索菲·斯科特教授所言："人们在笑，就表明他们没有焦虑。这是组织处于一个良好的环境的标志。"

常常一起笑的团队更有凝聚力和创造性

斯科特认为："常常一起笑的团队更有凝聚力"。她谈到了我之前提到的幽默和压力之间的联系："有专门描写那些工作压力较大的职业如医生、警察和护士等的职场幽默作品。它们往往以相当独特的黑色幽默来刻画人物情景。如果你不在这个群体，你一定会惊讶于他们居然会边看边笑。但对他们那个群体来说，这种黑色幽默则很管用，因为这不过是他们在需要改善局面的情况下分享笑声的一个理由。"

笑不出来说明可能出了什么问题：人们防备他人，不信任他人，觉得自己不能冒险放松警惕。在一些人看来，领导者的笑是一种坦诚的信号，一种展现自身柔软一面的意愿。

还有一件事我们也需要记住：第一手资料显示，笑带来的放松可以让我们的思维更具创造性。2017 年，诺贝尔奖得主、经济学家丹尼尔·卡尼曼和他的搭档阿莫斯·特沃斯基在合作研究人类决策过程中所研发出来的那些工作方法展示在了世人面前，当时的那些研究至今仍具有重要的开创性和革命性意义。

卡尼曼说，令他记忆犹新的不是在研究时有多么认真努力，而是研究中的那些欢声笑语。他接着说道，两人在一起最有创意的时候，也是最充满欢笑的时候。"阿莫斯总是很有趣，"他回忆说，"在他影响下，我也变得有趣起来，所以我们常常会在不断的娱乐中扎扎实实地连续工作好几小时。"

换句话说，娱乐并非是在纯粹浪费时间。笑能让我们思想放松，令我们思如泉涌、创意不断、天马行空。德雷塞尔大学的约翰·库尼欧斯教授和西北大学的马克·比曼教授也向我们展示了很多这方面的证据，他们邀请志愿者观看罗宾·威廉姆斯的单口喜剧秀视频，然后让他们解决一系列棘手的逻辑题。他们发现，观看一段喜剧时的短暂一笑，令人们的解题能力提高了 20%。

为什么会这样？看来，笑似乎激活了前颞上回——大脑的一个区域，位于右耳上方，能促进大脑将看似不相关的信息进行集成。当刻板专注不起作用时，笑一笑分分心反倒意义非凡。

因此，笑具有很多功能。它能构建信任，帮助走近彼此，创造同步。一起欢笑玩闹的团队往往能够更好地彼此敞开心扉，共同面对挑战，这对于应对压力和提高创造性问题的解决能力尤为重要。它的好处已经非常清楚了。但是，我们怎么才能在工作中笑得更开心，而别显得像是精神错乱或仿佛着了魔一般呢？

怎样在一本正经的工作中采取"秒笑态度"？

这里有个无法回避的事实，那就是对于某些人来说，工作时必须一本正经。这类人对笑保持着怀疑态度，并且还会心想这或许只能说明身边有些人根本是无所事事的。他们认可有时所谓的"表演性忙碌"。我清楚地记得，我的首份工作的一位同事曾建议我，如果上班迟到了，那我最恰当的反应应该是"把外套丢在会计部，抓起一张纸，然后装作怒气冲冲地走向自己的办公桌"。这和某些人的心态一模一样，他们认为一张严肃的脸，就是在默默地传达这样一个信息："是的，我从早上 7 点就开始扑在一个特殊项目上了，不过没错，未经授权我不能告诉你。"

那么，我们如何在工作场所解锁笑带来的这些好处呢？普罗文的建议是，我们应该试着采取一种"秒笑态度"："你不妨主动降低笑点来让自己多笑笑。"他建议我们这样做的方式之一就是多安排些社交活动。公司会议和聚会的目的就是让人们聚在一起。在前文中，我举了社交聚会的案例。在这里，我也同样提议，只有这样的聚会，才能让大家尽情欢笑。

不过要找到正确的方法并不总是那么容易。清洁产品公司美方洁的每周例会上都会留出一个时间段，介绍新员工，然后让他们提建议：如何"让美方洁魅力永存"。我不想撒谎：一想到这个我就觉得胃疼。我在推特公司时的一位老板曾经要求新员工分享他们入职前对推特公司的印象以及入职后对公司的第一印象。我再也想不出比这个更折磨人的欢迎方式了。我们花了六个月的时间才把这种欢迎方式废除，因为它让人尴尬得要命。

用感恩和欢笑向离职者致以满满的敬意

关键的是要找到适合你的团队的方式，然后坚持下去。英国广播公司一台的前数字节目主管安迪·普利斯顿告诉我，一台采用的方式是史诗般的告别演说。他们认为有人选择另谋高并非是种耻辱。相反，他们想通过有趣的、充满感情的告别演说来帮另谋高就者庆祝其在一台度过的这段职业生涯。

他对我说："我们非常重视离职演讲，因为它们对新加入者有强大的文化传递影响力。再没什么比目睹团队如何欢送离职者的场景更能彰显你加入的这个团队和公司的魅力了。对于那些和我们在一起共事很长时间的人，我把这个时刻看作是一个感谢他们为工作和团队所付出的一切的机会，如果你愿意，也可以将其视为一曲颂歌。"

安迪会花时间从同事那里收集各种回忆、笑话和照片，向离职者致以满满的敬意。通过致敬离职者，团队中的每个人都有了更强的归属感，正如安迪所说，办公室里永远"笑声一片"。

向离职者致以满满的敬意，也让团队中的每个人都有了更强的归属感。

在经济不景气的时代，把交谈和欢笑作为团队最重要的事情之一，这种想法可能在我们看来显得多余和琐碎，但如果人们对你提太多的反对意见，那就拿诺贝尔奖得主丹尼尔·卡尼曼的案例提醒他们一下。也许下次突发灵感时你就笑了。

要想聚在一起时留点时间让大家笑笑，社交聚会是一个很好的方式。此外，演讲和举办工作里程碑纪念日等活动也都是一些好的方式。

如果团队里有人很有喜感，那真是值得庆祝一下。认可别人有更多的技能不是件羞耻的事。

适用于团队的也适用于客户：如果笑能拉近距离、实现同步，那为何不利用幽默与你的生意伙伴建立更紧密的关系呢？

办公室里的欢声笑语不应只出现在美好的时刻：它不应只出现在像圣诞节这样的日子，而应该洒满我们的生活。

同步 6

让新员工在最短时间内感到"宾至如归"

第一印象很重要,自童年起我们就不断地被这样提醒着。尽管我们非常清楚这一事实,但在关键时刻,却往往会忘记它。

几年前,旅游网站猫途鹰刚成立不久,酒店行业突然意识到,酒店在办理入住手续时给客人留下的印象对他们离店后的评价有不同程度的影响。酒店终于反应过来,军备竞赛般地启动了一系列欢迎手段:等候区摆满豪华沙发,前台提供饮料,潮湿天气配备湿毛巾,电梯旁装按摩浴缸,还有小朋友抱的毛茸玩具……

尽管一些酒店行业人士可能已经吸取了教训,但这并没有对普通企业产生多大影响。诚然,拥有更多新人的大公司往往比大多数企业更擅长打造基本的欢迎模式和入职培训。但当涉及提供任何可能帮助新员工更好地完成工作的情感支持时,这些方法就不那么管用了。

职场科技公司 Kronos 在 2018 年所做的一项调查结果显示,多数公司认为入职培训是向新入职者通报规章制度的一种方式。他们会对公司文化方面提及一二,但却没能在这上面再多花点时间。

入职培训时激励员工的特别问题

一个更富有想象力的入职培训会有帮助吗？这就是伦敦商学院教授丹·凯布尔和他的同事在科技公司威普罗的呼叫中心开展的一项实验中想要弄清楚的问题。

在这项实验中，该公司的新入职员工被分成了三组，每组15 ~ 25 人。其中第一组接受公司的标准入职培训。第二组重温了公司在一次探讨"如何让员工因成为公司一员而骄傲"的活动中所取得的辉煌成果。最后一组的待遇稍有不同：他们被要求回顾以前工作中对自己的成就感到最自豪的那些时刻，并与小组中的其他人交流感想。

"在工作中最快乐、表现最好的时候，你有什么独特的状态或感受吗？回顾一下你的某个特殊时刻，也许是在工作中，也许是在家里，当时你表现得就像'自然如此'一样。"对这个问题，受试者有15 分钟时间来思考和讨论。

考虑到第三组因为回答这个问题而花在入职上的时间很少，人们很容易就会认为这不过是一个漂亮的破冰器，其作用只是打破彼此初识的尴尬而已。

然而，这实际上对新员工的工作经历产生了变革性的影响。那些被邀请分享自己成就的新人，立刻获得了宾至如归的感觉。而且六个月后，他们也会更愿意继续留在那个素来员工流动率很高的部门。事实上，他们的离职意愿比其他两组中任何一组的同事都要低32%。也许最不寻常的是，鼓励人们展现自己积极的一面不仅改变了他们对新工作的态度，而且对客户的满意度也产生了明显的影响。在客户满意度调查中，那些经过前两个入职培训的员工的得分为 61%。而那些曾回顾过"最好的自我"的员工得分为 72%。也就是说，一个耗时 15 分钟的问题就让顾客满意度提高了 18%。而且是零成本的。

凯布尔说，除去这种激励性的影响，"在我与各家公司共事的所有岁月里，我从未见过一家公司采用这种方式进行入职培训"。

用心欢迎，从入职第一天开始

不过其他公司也尝试了另外的方法。斯坦福大学商学院教授奇普·希思和他的合著者、老搭档丹·希思描述了重型机械制造商约翰迪尔公司的新员工入职时的情形。

该公司的新员工会在开始工作的前一天收到一封友好的电子邮件，并与该名发邮件的在职员工结为好友。被指配的同事会做个全面的自我介绍，然后再给新员工一些穿着建议，并向其告知哪里最方便停车。这些同事还会承诺自己会在新员工上班的第一天在接待处等他们。第二天，这些同事会跟新人员工问好，并把他们领到他们的办公桌前，而这时办公桌上也早已挂上了欢迎标语。随后公司里还会有一些小小的友好举动。

该公司知道，新员工越快有宾至如归的感觉，他们的工作也就会做得越好。这一切让我想起了我从同事杰西卡·曼塞尔的推特上看到的一条推文，这条推文描述了这样一件事：她的父亲第一天到巧克力制造商雀巢公司上班，便得到了一个凯利恬花街巧克力家庭装罐头，上面还印有他的名字。这便是归属感的标记。

　　因此，思考一下我们该如何欢迎员工来到他们的工作岗位至关重要。新员工的激情很容易在入职培训时被一堆冗长的规则或工作中琐碎的细节消磨殆尽，因而我们应该朝入职培训中投入丰富多彩的内容。如果我们想鼓励新员工成为他们最好的自我，那就从他们入职的第一天开始吧。

尝试做个倡导"最好的自我"的入职培训。想想你如何能让新员工在最短的时间里感到宾至如归。

公司对新员工的欢迎力度越大，新员工就能越快为你的团队带来成果。记住，第一印象很重要。

给新员工准备一些专属的入职小礼物，让新员工迅速产生归属感。

同步 7

别当"令人头疼的领导"

音乐播放器 iPod①改变了苹果公司的命运，使其走上了价值增长了 50 倍的道路。但其开发阶段漫长而复杂，投入了数百万美元打造样机。据科技作家尼克·比尔顿说，有一次，信心满满的工程团队来到史蒂夫·乔布斯的办公室，向他展示一款最新最炫的样机。他们告诉乔布斯"这是当今市面上最薄的一款机型"。

"乔布斯站在那儿看着它，问了一堆问题。"比尔顿说，"然后他走到鱼缸边，把这个价值 300 万美元的样机扔进了鱼缸。"当时工程团队呆呆地站在原地，对乔布斯刚刚所做的一切吃惊不已。

"瞧，还有泡泡冒出来，"乔布斯说，"说明它还可以被做得再小、再薄一点。"很明显，如果你在你妈妈面前这么做，你完全能预料到她会有什么反应。"我不否定你提出了个有趣的观点，"她会说，"但你不必那样做。"你妈妈说得对极了。不要把东西扔到鱼缸里，也不要像史蒂夫·乔布斯一样对待站在鱼缸旁边的人。

---

① 2022 年 5 月，苹果公司宣布 iPod 产品线正式停更。——编者注

和老板在一起是一天中最不受人们欢迎的互动

在公司里，不管你是初来乍到的新人，还是入职了几十年的人，你肯定有老板。我们所有人（哪怕是首席执行官）都需要对另外某个人负责。没有什么比我们和老板的关系更能影响我们对工作的看法了。

有句老话是这样说的，人们"辞职是因为他们的管理者，而非他们的工作"。的确有证据能证明这一点。如果你想阻止某个团队里的人员流失，你得先关注一下这个团队的管理者。

不幸的是，糟糕的管理者无处不在。根据塔尔萨大学罗伯特·霍根教授的说法，有四分之三的美国成年人都说工作中他们觉得最让人头疼的是自己的顶头上司。心理学家特蕾莎·阿马比尔通过让上班族记日志来追踪他们的日常生活，她发现，大多数情况下，员工在提到管理者的时候，通常都是因为自己的工作积极性受到了打击。人们认为，如果管理者不行，自己也做不好工作。糟糕的管理是破坏团队同步的最简单的原因之一。

著名的诺贝尔奖获得者丹尼尔·卡尼曼的发现可以说是更加令人沮丧。他和他的合作团队想要了解生活中那些让我们最感满足的时刻，于是他们开始测量志愿者在一天中不同时刻的积极情绪和消极情绪，希望找到导致这种情绪切换的原因。毫无意外，他们发现人们在通勤时所感受到的快乐（满分 6 分中得 3.45 分）和社交时所体验到的快乐（4.59 分）大相径庭，两者之间的差距达到了 1.14 分（表 2）。

当谈到工作时，压力或疲劳很容易使幸福感降低一个百分点。那些每天上下班但认为自己休息得不错的人该项得分平均 3.62 分，

表 2　积极情绪评分表

	在正常状态下时（满分 6 分）	在时间压力下时（满分 6 分）	疲劳时（满分 6 分）
社交	4.59	1.20	2.33
吃东西	4.34	4.59	2.55
看电视	4.19	1.02	3.54
准备食物	3.93	1.54	3.11
照顾孩子	3.86	1.95	3.56
工作	3.62	2.70	2.42
通勤	3.45	2.60	2.75
与朋友互动	4.36	1.61	2.59
与伴侣互动	4.11	1.53	3.46
与老板互动	3.52	2.82	2.44

最高 5.1 分，最低不到 3.1 分。

卡尼曼及其同事的研究工作中有两大重要发现。即和老板在一起是一天中最不受人们欢迎的互动（仅好过通勤），以及时间压力和疲劳使我们生活中的每一件事都变得更糟。这些发现也偶然印证了匆忙症是有毒害性的，以及睡眠很关键这一事实。

在这种鄙视老板的背景下，当华威大学的研究人员问上班族，如果需要和一个糟糕的管理者共事，他们会希望公司多付多少薪水时，受访者的反应就一点也不足为奇了：他们表示，为了补偿由此带来的压力和不快，薪水需要增加 150%。

那么，糟糕的老板的做法有哪些危害呢？按照塔尔萨大学的罗伯特·霍根教授的说法，由他们造成的"痛苦"和"压力"会对员工的健康和免疫系统造成伤害，最终导致他们真的生病。他认为"糟糕的管理者会造成巨大的健康成本"。一项大型调查对 3 000 多名瑞典男性的工作生活进行了长达 10 年的追踪，结果发现，公司的管理不善导致员工的心脏病发作率增加了 60%。研究发现，糟糕的老板有四个触发特质：能力不足、缺乏思考、行事诡秘、不易沟通。

当然，也有人认为，那些帮助员工提升到老板层面的因素（雄心、干劲、抗击打能力）正是导致他们成为绝望、无情的管理者的个性特征。但值得注意的是，这些特质都没有出现在被瑞典研究人员定义为糟糕管理者特质的名单中。你可以雄心勃勃、韧劲十足，但不必成为一个糟糕的老板。

糟糕的管理者常常指责自己的团队。"别跟我扯什么糟糕的管理者，"他们会说，"那你又怎么解释那些糟糕的员工呢？"或者他们还会说："要是能够除掉那些抱怨狂，我们会很开心。"然而他们往往会忘记，每个人都讨厌替一个糟糕的管理者工作。

华威大学的研究人员在对从英国和美国多年收集来的数据进行细致分析，并试图了解人们工作中的快乐程度与老板的表现有多大关系时发现，无论是那些抱怨狂（我通常称之为"排水管"）还是真正的宝贵人才（我们不妨称之为"散热器"），他们对糟糕的管理者所持的观点完全一致。糟糕的管理者令我们所有人都非常不快。

"好老板"应该满足的两个重要条件

那么，什么样的老板才是一个好老板？基本上，好老板应该满足两个重要条件。

条件一：提供支持和鼓励

首先就是要提供支持和鼓励。我们都渴望被管理者重视，即便从表面上看，他们所做的一切，只是夸我们有多么的了不起，但实际上这有助于改善我们的工作表现，因为这会鼓励我们更加投入。

研究人员对那些为非常宽容的老板工作的人进行了研究，这些员工的老板们多少对自己的团队有点评价过高，但研究人员发现，把人夸上天确实管用："那种信任感使他们对未来的改善更加乐观。"而相比之下，那些替吹毛求疵的老板做事的人往往会"带着困惑或气馁，或是两者兼而有之"地离开团队。他们倾向于将负面反馈理解为对未来成功的一种羁绊而非动力。

这些发现与我之前提到的对未婚夫妇关系的研究非常吻合。"积极的幻想"力量非常强大，它能很好地维系夫妇关系。同样，在工作中，相信有人高度重视自己，这种信念几乎可以战胜一切。如果我们认为老板关爱自己，我们就更有可能在工作中感受到快乐。

事实上，对员工来说，好的管理者比高薪水更有吸引力。至少这是在西班牙和美国进行角色扮演实验后得出的结论。在该项实验中，团队需接受一项挑战，即由研究人员从团队中选出一位他们认为合适的人来担任管理者，让其对团队进行指导。

研究发现，善用精神激励进行沟通管理的管理者比纯粹提供物质嘉奖的管理者更能作出成效。在研究人员看来，管理者能做的最好的事情就是告诉团队要努力工作，提醒他们薪水丰厚，然后对他们放手！这与研究快乐的专家理查德·里夫斯表达的观点并无二致，他也认为管理者应该尽可能地放手。"别去伤害，"他建议道，"这是个非常重要的原则。先想想有哪些事情会令人不快？然后告诉自己别再做这些事情。"如果老板觉得自己也不知道该帮些什么忙，那么瞎掺和还不如少掺和。

条件二：充分了解团队成员所做的事

当然，只有能力不济的老板才有彻底放手的迫切愿望。而优秀的管理者毫无疑问除了适度放手之外，还会提供高质量的指导和支持。这让我对区分领导的能力高下有了第二个评判标准：证据表明，身为领导，最好要对你期望团队成员所做的事情有一个充分的了解。

虽然我总是不愿意列举体育界方面的例子，因为它们往往基于的是小数据样本，且多为趣闻轶事所掩盖，但我们谈到的这个例子，在体育界已尽人皆知。

"最优秀的篮球运动员的确会成为最好的教练。"卡斯商学院副教授阿曼达·古道尔告诉我。她在研究世界一级方程式锦标赛时，发现情况也完全相同："在赛车团队中，我们发现通常有四类团队领导者：经理人、工程师、机械师和退役赛车手。我们发现，最优秀的车队经理还是那些退役赛车手。"

在日常工作中，古道尔认为，类似的规律也同样适用：人们对理解自己工作细微差别的人反响最好。正如她所言："如果员工的老板是从这个团队中一步步做上来的，或者一手创办了这个团队；如果这个老板能够胜任员工的工作；如果员工认为自己的老板名副其实，那么这些都是有望促成员工超高工作满意度的强有力的前提条件。"老板越是了解错综复杂的工作细节，其建议才越可能有帮助。

需要补充的是，这当中有个固有风险。假如一个老板只用以前工作中的经验指导员工，那么这种"去过那里，附上照片"的心态永远也帮不上忙。经验和共鸣相结合才是至关重要的。

让管理者回到"一线"

有人认为从事管理工作只需读个工商管理硕士就够了，部门工作的细枝末节对领导者而言远不如所谓战略和领导力的一些基本概念来得重要，对于持这些想法的人，古道尔的研究结果可谓是个警示。幸运的是，有些组织已经清醒地认识到了这一点。如今，麦当劳或桑斯伯里等公司每年都会把老板们送回车间一次，确保他们清楚自己希望自己的前线部队做些什么。要想更快与那些做具体工作的员工产生共鸣，没有什么比自己亲力亲为更好的方法了。

食品配送平台户户送的工程总监汤姆·利奇对此深信不疑。他向我介绍说，他团队中的每个人都要在应用程序上注册为送货司机，他们必须每周抽出时间自己送一两次货。

"我们最终更全面地了解了专职司机的一些想法。"他说，"比如我们发现，中国香港的司机在远还没有到达餐馆之前就开始忙着为他们的自行车寻找停车位了。中国香港山地偏多，所以在地图上看起来近得步行可达的路程，实际可能得翻过好几道山坡。一个看上去只需骑车一分钟便能到达的停车位，实际上可能得多花五分钟。"

了解这些关键细节改变了领导和员工之间的关系，也消除了一线员工和决策者之间信息越来越不对等的风险。

换个角度说，专家也不等于"无所不知"。专家级的管理者只是了解的比较多，基于那些信息，他们才与员工建立起了彼此的信任和共鸣。但他们不一定非得是那种声称比专职的人工作做得还好的人。事实上，如果他们那么想，那就真的危险了。

掌握你的团队使用的计算机系统，逐一了解流程中的每个阶段，搞清楚某些结果是如何产生的，所有这些都有助于缩小老板和员工之间的理解差异，并建立核心凝聚力，否则双方工作中的理解差异会越来越大。通常情况也是如此，一旦老板了解了整个工作过程，他们会变得更有同理心，比如说，采取灵活的工作方式，或者取消某个人人都知道是浪费时间的会议。

"如果你的领导是一位专业的老板，他们会为你创造一个合适的工作环境。"古道尔提醒我们说，"我们发现优秀的老板了解工作的本质。"这种了解会带来更多的信任，而相比之下，如果管理者缺乏对工作的充分了解，他们可能会忍不住进行干预。

正如古道尔所言，糟糕的管理者会说："'我想我会让他们在开会前填好这张表，以防这当中有某个人撒谎，导致我自己到时候交不了差。'如果你走了这条路，就不必在管理流程上花大把力气了。"这就是为什么古道尔建议，所有的管理者都必须由谦卑起步，即知道自己还有不知道的东西。最优秀的人"到了现场总是问问题……他们会深入现场，听专职从事某项工作的人介绍经验"。

一旦这种情况发生，整个公司的业绩就会提升。谢菲尔德大学的研究人员发现，员工对管理层的信任度越高，公司的业绩就越好，反之亦然。那么我们能得出什么结论呢？结论就是，如果人们觉得自己得到了公平的对待，且优秀的管理者又领导有方，那他们就会在自己的工作上更加投入。如果我们认为自己在为一家公平的公司工作，我们必定会付出更大的努力来回报这家公司。单靠管理层无法创建同步，但糟糕的管理层却非常有可能破坏同步。

相比之下，管理不善的公司会让员工大量流失，在这过程中，所有成本都会因此逐渐增加：一边因工作效率低下和专业人员流失造成经济损失，一边又要重新花钱招兵买马。

好老板的规则很清楚：共情和支持。如果你做不好，就先支持。别再当个糟糕的老板了。

"别去伤害"是管理的黄金法则。

对管理者来说，对现实和工作的挑战感同身受是至关重要的。如果你的团队抱怨一个你从未使用过的软件系统，你可能会忽略他们对它的关注，做到完全了解你的团队的唯一方法就是花一周时间体验一番他们的具体工作。

最好的老板通常都做过他们所管的工作。如果你从来没有做过这项工作，那么你就要努力去完全理解它，以弥合与团队之间的差距。

同步 8

知道何时需要独自工作

"我遇到的大多数发明家和工程师都和我一样……他们活在自己的思想里。他们几乎像艺术家一样。事实上,他们中最优秀的确实是艺术家。艺术家们通常独自工作时状态最好……我给的建议你可能会很难接受,我的建议是:独自工作。不参与任何协会,不参与任何团队。"在我讲了那么多团队合作的重要性之后,苹果公司的联合创始人史蒂夫·沃兹尼亚克对如何获得最佳创意的这一观点可能会让人感到震惊。这显然与史蒂夫·乔布斯看待问题的方式相矛盾。

据作家沃尔特·艾萨克森说,乔布斯之所以为皮克斯的办公区设计而烦恼,正是因为他深信人们不应该独自工作:"他始终纠结于中庭的结构,甚至洗手间的位置,以便增加人们偶遇的机会。"艾萨克森写道。

那么究竟孰是孰非?你会独自运用最出色的创造力,还是将其融入集体、努力打造一个具有卓越创造力的团队?

选择头脑风暴，还是独自工作？

答案是，这完全取决于你所处的阶段和追求的目标。在新项目或新计划的早期，人们应该各自工作、构思各种想法，并将其在头脑中不断地碰撞打磨。但到了优化阶段，或者解决问题的瓶颈时，就需要团队帮助你共同改进和提炼。这不是一个单干还是合作的问题，而是一个要懂得何时单干、何时合作的问题。

有证据表明，让团队过早介入过程，效果可能会适得其反。过去的几年里，人们已经清楚地认识到，集体想象力的最终表达，即头脑风暴并没有真正起作用，或者至少说，它远不如我们曾经希望的那样有效。

人们可能以为自己是在抛一些绝妙的想法，但正如在所有的会议中一样，很多努力都白白浪费在了彰显社交地位和出风头上。

作家苏珊·凯恩认为，我们之所以喜欢相信头脑风暴的力量，是因为现代的群体思维推崇外向者的习惯做法，而忽视内向者不太起眼的行为。她认为，我们在20世纪目睹的表演艺术和文化的兴起，导致了社会上一半外向的人对技能的偏爱，而另一半人则尴尬到不好意思承认自己更喜欢独自工作。

"然而，"凯恩说，"如果你仔细观察著名的协作团队的工作方式，你也会发现他们的那些伟大想法一开始显然也是来自个人。"作为歌曲创作领域的佼佼者，埃尔顿·约翰曾谈到他与合著者伯尼·陶平长达50多年的合作，他说他们的成功得归结于在两个独立的房间里进行的创作。"我们从未在同一个房间里写过一首歌，从来没有。"

他这样告诉《音乐周刊》。那时候他们一直通过传真进行交流。如今，陶平说，他会用电子邮件发歌词给约翰，约翰谱成曲，然后他们再见面一起敲定细节。

这让我想起喜剧作家理查德·柯蒂斯曾经对他那部与本·埃尔顿合写的英国经典情景喜剧作品《黑爵士》所做的评论。尽管这部剧本要归功于两人的合作，但实际上他们很少见面，只是偶尔通过换张最新动画片的软盘时才会互相交流一下想法。"我强烈推荐我们的工作方式，"柯蒂斯解释说，"因为我有过其他一些沮丧的经历，你和别人坐在一个房间里，盯着他们看几小时，也没憋出一行更有趣的台词。"我们并非都是词曲或喜剧作家，但这一基本原则在任何地方都适用。

在前文中，我曾谈到如果计算机程序员要解决代码中的漏洞，需如何一起工作并相互交谈的事情。但这些相互之间的联系就像标点符号一样，会中断各自安静工作的节奏。同步不是通过不断的对话才实现的，只能说对话和独处对高效工作来说是很重要的两个方面。

独处的力量：安静孵化自己的想法

独处的力量在一个被称为"编码对决游戏"的实验中展现无遗。这场编码对决游戏聚集了来自近 100 家不同公司的 600 名开发人员，他们被分成 300 个小组，每组两人（每个成员都在自己的位子上工作），他们的任务是编写一个中型程序来执行特定的任务。这些团队有相当大的自主权：他们可以选择用自己认为最合适的任何编码语言来完成任务（研究人员仔细记录了他们的经验和薪水等变量），但前提是，所有程序员都必须在与自己平日正常工作完全相同的条件下完成他们的任务。

结果，最好的组表现得远远好于最差的组，这两组之间足足相差了 10 倍，并且最好的组的表现也超过了平均水平 2.5 倍。为什么会这样？其关键就在于人们对自己能否安静地完成工作的感觉。表现较好的那些组当中，有 62% 的人表示，他们的工作场所"私密性还可以"。相比之下，则有 75% 的表现最差的人说，他们工作的地方经常受到干扰。

我已经讨论过开放式办公室布局对业绩的负面影响了，这似乎的确不利于创造性思维的生成。但更重要的是，那些表现最好的程序员之所以能取得好成绩，还是因为他们能够自己孵化自己的想法。

真正的同步需要思考与讨论的平衡

如果说有效完成大量工作需要一个平静安宁的环境，那是否意味着在家工作是最好的解决方案？我非常清楚，对于那些在家庭生活和工作生活之间苦苦寻求平衡的人来说，回家工作是多么幸运。但我还是不得不咬咬牙告诉你，有证据显示，在家工作的效果并不好。没错，我们在家似乎完成了许多工作，但同步的损失超过了任何生产力的提升。

密歇根大学的埃琳娜·洛可在研究集体办公和远程工作的区别影响时，发现远程工作者彼此间的信任会逐渐崩溃，最终影响团队合作的质量。而从居家办公者的情况来看，由于缺乏定期的来回反馈，起初快速提升的工作效率很快便会开始衰退。

职场科技初创公司 Humanyze 的本·瓦贝尔对这个问题的看法是："居家办公影响的不仅仅是你本人。还会大大降低与你一起配合的人的业绩。"瓦贝尔认为，居家办公造成的创意萎缩，会拉低团队的集体智慧。趴在厨房的桌子上并不是问题的解决方式。你需要一个平衡。

当一家公司试图在个人之间建立同步和协作时，大家会很容易地认为下一步就该是让团队聚在一起真正提炼想法了。"我们的团队彼此都很喜欢对方，每个人之间都很融洽，现在，让我们来为明年提一些建议。"小心掉进这个陷阱。同步是指人们和谐共事，但是再多的同步也改变不了个人独立思考解决问题的能力。创造力在于思考，然后才是讨论，而真正同步的团队会两者兼顾。

记住，创意是在个人大脑中被激发和培养的。团队的任务则是塑造和改进最初的想法，而反馈循环将使之更加完善。

"僧侣模式早晨"或安静的沉思是创意形成过程中至关重要的一步。

居家办公者如果缺乏定期的来回反馈，起初快速提升的工作效率很快便会开始衰退。

实现最佳工作状态
的10个秘密

Buzz

保持激情的 2 个要素：积极情绪与心理安全

讨论完如何充电和与团队同步后，我现在要就如何实现最佳工作状态提出一些建议了：激情。早些时候，我谈到了成功的团队是如何实现同步的，接下来就是要打造"激情"了。它是一种投入度和正能量，由两个已被人们广为认可的状态融合而成，即：积极情绪和心理安全。

积极情绪对我们的工作有着巨大的影响

试想有一天晚上你坐在家里，电话铃响了。你接起电话，就立刻发现是对方拨错了：她本来是想打给她的朋友维克多的，结果却打到了你这边。而且她又遇到了一个问题，因为错拨了这个号码，导致她刚好把话费用完了，正如她慌慌张张告诉你的那样，她没办法立刻把话费充满。她听起来很沮丧，但失望中却没有提出任何解决方案。

你会怎么做？

毫无疑问，这在很大程度上取决于你的感受。正如康奈尔大学著名心理学家爱丽丝·伊森所言，如果你心情好，你会更倾向于帮对方打电话给维克托传递信息；如果你心情不好，你就不太可能主动为别人提供帮助。前一种心态的术语叫作"积极情绪"，这种精神状态决定了我们对生活中几乎所有情况的思考方式。不仅如此，它对我们如何处理当时的情况有着重大影响。正如伊森所说的："积极情绪有助于培养创造力、认知灵活性、创新性的反应和对信息的包容性。"在工作中，积极情绪也有助于让我们表现得更好。

积极情绪在很多方面是就是普通人所谓的"好心情"。但好心情不一定非得和灿烂的微笑、充满活力的步态和向陌生人打招呼联系在一起。它只是意味着，在那一刻，我们对世界有着积极的、前瞻性的看法。也就是说，积极情绪和好心情并不完全相同，因为好心情可以归结于某个特定的原因，比如某个阳光灿烂的日子，你通过了考试等。但积极情绪则相对模糊一些。

正如心理学家芭芭拉·弗雷德里克森所说的："情绪通常是飘浮不定或漫无目的的。"你在感觉到积极情绪时可能根本说不清它因何而起。事实上，你很可能都意识到不到积极情绪正影响着你。

无论如何，这是一种强大的力量。即使是一丝积极情绪，也能使我们以开放的心态"去接近和探索新的事物、人或情境"。以谈判艺术为例，我们倾向于认为，当我们试图实现某个特定目标时，我们应该效仿电影和电视剧中那些主角，采取一种尖锐的、敌对的立场，以获取更好的结果。但事实上，在积极情绪状态下，我们更有望成功。

正如伊森所说的："我们有理由相信，即使在潜在的敌对情况下，积极情绪也有助于促进认知灵活性，帮助我们转换视角，以多种方式看待问题并提出多种解决方案，从而提升我们处理潜在问题和避免冲突的能力。"换句话说，当我们知道谈判的成功通常取决于创造出新的意想不到的各种可能性时，那么积极情绪就会让我们进入想象那些可能性的心理状态。

积极情绪可以带来良好的总体结果，这一点如今已被广泛接受，并且很多企业都在试图对其加以利用。为什么餐馆在递上账单的时候会给你一颗薄荷糖？因为他们知道这个"礼物"会让你看账单时觉得更顺眼，给小费时也会更慷慨。这是个典型的刺激方式。《应用社会心理学杂志》的一项研究发现，服务员在为客户送账单的时候附上薄荷糖后，他们的小费涨了21%。

积极情绪也会以一种更间接的方式起作用，正如爱丽丝·伊森给我们展示的这个例子：她在商场里向路人派发指甲钳，这一礼物完全是免费的，没有任何附加条件。将指甲钳作为礼物并没有太多的象征意义，因此收到的人只是有些开心，但还不至于兴高采烈。但伊森对礼物如何影响他们随后的心情很感兴趣。于是她安排同事稍后将这些路人拦下，然后做了一个明显与之前赠送指甲钳毫无关联的举动。她让同事请他们说了说对自己的家用电器的看法。她发现，那些免费得到指甲钳的人对他们的冰箱和洗衣机的满意度大大高于那些被问到同样问题但之前没有收到礼物的路人。积极情绪的确是一种强大的力量。

它还能培养我们做事的能力，从我们非常小的时候开始。在某个实验中，研究人员将几个4岁的孩子集合起来分成了两组。这两组孩子均被要求完成形状分选任务。但在开始之前，其中一组被问道："你还记得发生在自己身上、让你快乐得蹦蹦跳跳的一些事情吗？"然后研究人员给了他们 30 秒的时间去寻找自己的快乐记忆。随着形状分选活动的进行，很明显，那些被提示回忆快乐事件的孩子在任务中的表现远比那些事先未能唤起类似好心情的孩子要好。

也许你还可以讲讲随身带一袋糖果，在旅途中分发给人们的事情——当你在想伊森还收集了其他哪些证据来支持自己的论点时，你可能会产生这样的推论。

比如在一项研究中，她观察了积极情绪对医院医生的影响。首先，她交给了每位医生一份患者档案，这份档案包括了完整的病史和所有实验室检查的详细情况。接着，她给了其中半组人一个纸袋，里面装着六颗硬糖和四颗迷你巧克力。他们被私下叮嘱要先把礼物收好，之后再吃，这样实验才不至于被大家来来回回拿糖吃而干扰。

所有医生都被要求做了两次测试：首先他们被要求进行了远距离联想测验（remote associates test，RAT），即研究人员每次给他们 3 个词，比如"房间""血液""盐分"，然后每次都要求他们想出第四个能够与这 3 个词形成关联的词。这是种通常用来衡量创造性思维的测试。接着，他们被要求针对自己手上那份病例的患者做个诊断。那些收到糖果袋的医生，在远距离联想测验中取得的成绩明显好于那些没得到糖果的医生，在案例研究中提出的结论也更为全面。

伊森指出："处于积极情绪状态的医生意识到，档案中记录的症状可能显示的是患者患有肝病，在他们的诊断方案中，考虑到患者是肝脏问题的时间明显早于对照组。"她说，他们并未匆忙下结论，但他们的思想更投入、更有探究性。很简单，那些糖果轻微地激起了他们的积极情绪，让他们表现得更好了。

那么当我们拥有积极情绪时，到底发生了什么？多伦多大学的研究人员称，积极情绪会以特定的方式触发我们大脑的特定区域。他们在实验中给志愿者看了一系列照片，每张照片上都显示了一座叠加了一张脸的房子的全景（图2）。研究人员要求他们判断这张脸显示的是男性还是女性，并告诉他们要忽略其他的一切。众所周知，大脑中有一个区域会被面部表情所激活，还有一个独立的区域则会对空间场地作出反应，因此，研究人员要求志愿者关注面部表情的请求会导致其大脑负责面部的区域被激活，也就不足为怪了。

图2 叠加了一张脸的房子的全景

但情况并非普遍如此。被提前带入积极情绪状态（通常是通过一个小礼物的刺激）的参与者的大脑，不仅在负责面部的区域显现出了活动迹象，而且在那个负责场地空间的区域也显现出了类似的活动迹象。换句话说，因为他们处于积极情绪状态，故而比那些没有达到相同精神状态的人有更广泛的意识。积极情绪能拓展我们的视野与思维。

在伊森看来，这种拓展具有非常强大的力量。她说："积极情绪会让人变得乐于助人、慷慨大方、善解人意。"它还能提高我们的判断力。积极情绪刺激我们的额叶皮层区，令大脑多巴胺激增，不仅使我们能够更好地应对压力和焦虑，而且还能增强我们的创造力。

伊森认为，有三个方面的因素与创造力相关。

首先，积极情绪会增加有助于联想的"认知元素"的数量。用普通人的话来讲，即它会令我们的大脑细胞更多地受到思维的刺激。比如在词汇联想测试中，好心情比坏心情或者不好不坏的心情更能促使人们产生富有想象力的想法。

其次，它会导致美国广告界大亨詹姆斯·韦伯·扬所热衷于推广的那种注意力散焦。这就是说，它鼓励我们不要沉迷于某件事，并让这种认知渗透至我们的大脑深处，直到我们似乎奇迹般地取得突破。无焦点思维解释了为什么我们中有四分之三的人经常会在冲澡的时候冒出最好的创意。《白宫风云》和《社交网络》的导演艾伦·索金便是一个学会了利用这种无焦点思维的力量的很有创造力的人。他自豪地宣称自己每天都要冲 6 ~ 8 次澡："我没有洁癖，但写作不顺利的时候……我会去冲个澡，换件衣服，然后重新开始。"

再次，积极情绪能增加认知灵活性，增加不同想法（认知元素）被激活的可能性。在前文中，我曾提到观看罗宾·威廉姆斯喜剧短片的人比没有看的人更擅长解题。大脑放松时，我们更有可能进行创造性思考。

话虽如此，但需要承认的是，我们很多人都能回忆起当压力剧增或最后期限迫近时的某段经历，譬如它最终反而帮助我们实现了注意力的高度集中。消极情绪在我们的生活中也有一定作用。芭芭拉·弗雷德里克森一直致力于研究这些力量对人类心智的影响，正如她所言："消极情绪中的恐惧，与逃避的冲动有关；消极情绪中的愤怒，与攻击的冲动有关……如此种种。"

有时候我们反而需要这些消极情绪。比如短暂的压力，它就被证明有助于集中精神。但当我们长时间处于这种感觉时，问题就来了。瞬间的肾上腺素飙升，可能有助于我们完成一些紧急任务，但长期的压力会致使人逐渐衰弱。长期生活在痛苦的压力当中，我们的有效工作能力会遭受明显的负面影响。

在芭芭拉·弗雷德里克森看来，积极情绪不仅能带来直接的好处，而且还能创造一种动力，形成一种良性循环。

"实现这种良性循环的个体，"她认为，"不仅其情绪健康能够得以改善，而且还能建立起应对未来逆境的能力。"

换句话说，弗雷德里克森和她的合著者不仅将积极情绪视为个体从挫折和打击中实现"反击"的一种方式，他们还认为，它打造了一种"拓展和建立"的心态，使得瞬间或一时的快乐变成了一种自我延续和不断增长的积极力量。

从创造性的角度来说，其作用可能强大得惊人。如果你曾在工作特别有效率的某一天鼓励过自己说"我简直是超级发挥了"，你就会明白我的意思。好的想法会继续衍生好的想法，因为我们正处于催生它们的最佳心理区域。

"某些独立的积极情绪，"弗雷德里克森认为，"包括快乐、兴趣、满足、骄傲和爱，都具有拓展人们瞬间思考和行动的能力……比如说，通过激发对游戏、突破极限和提升创造力的欲望，快乐就会增加。这些欲望不仅明显表现在人们的社交和行动上，而且也明显表现在人们的智力和艺术行为上。"当然，这种心情随后会传染。正如我之前所说，我们表现出来的积极情绪也会带动其他人积极向前。后者也会成为"拓展和建立"效应的一分子。

因此，可以说，如果能在工作中激发积极情绪，我们将拥有一个更好的工作环境，创意和创新能力也将得以提升。这也正是我在一开始的"充电"环节建议大家作出一些改变的原因。它们不仅会让你的身体感觉更舒适，也会让你的精神状态得到改善。合理休息、不要疯狂加班、避免不必要的干扰、晚上睡个好觉，大量科学论文证明，所有这一切对我们如何乐观地看待这个世界以及如何热情地对待自己的工作有着巨大的影响。

此外，由此产生的积极情绪将会感染到我们的同事，并同样帮助他们高效地完成工作。相反，如果我们没有足够的时间休息，如果我们不给自己足够的恢复时间，我们的精神状态便会受到影响，进而染上负面情绪，从而伤害自己也伤害他人。我在第一部分中提出的行动方案并非只是"建议性的"，事实上它们对于保护我们的职场氛围（以确保我们身处最佳环境）和打造团队激情至关重要。

心理安全让每个人能够畅所欲言

要想展示"激情"的另一个组成部分，最佳方法就是想象另一通重要的电话。不过这一次，你可以设想一个完全不同的场景：你并不是接电话的人，而是在考虑是否要打个电话的人。

譬如你在一家繁忙的城市医院上夜班，就在刚才，你发现某个患者需要被注射的药物剂量似乎异常高，所以你想着是不是该打一通电话问问开药的医生。

但问题是，开药的医生现在已经回家了，你很怀疑她会不会愿意被人打扰、并被提醒自己可能犯了个错。关键在于，她过去对你的工作很挑剔。那么，你是会带着顾虑去打这个电话还是忍着不打？你在采取你自认为正确的行动后感觉有多舒服？

这种考虑就是专家们所说的心理安全。如果我们想努力通过调动职场激情来帮助我们作为个体以及团队的一分子热情满满地做好自己的工作，那么我们不仅需要保持正确的心态，还需要在团队中感到舒适和安全。

这是哈佛商学院教授艾米·埃德蒙森曾仔细研究过的问题。她热衷于证明一个简单的假设，即团队凝聚力能创造更好的结果。她收集了不同医院团队的绩效数据，然后安排护士当调查员去她们的病房检查处方上的错误。她预感应该是，绩效数据越好的团队会越少犯错误。

然而她似乎从一开始就错得一塌糊涂了。绩效数据好的团队非但没有少犯错，而且比最差的团队犯的错误还多。被她称为"纪念医院 1 号"的那个团队，每 1 000 个住院日内出现了近 24 个药物错误，而看似不那么让人印象深刻的"纪念医院 3 号"医生团队，每 1 000 个住院日内仅出现了 2.34 个错误，差不多只是前者的十分之一。

这怎么可能？是她的数据不准确，还是整个实验的前提都有问题？但当她整理数据时，答案变得明晰起来。"在那一瞬间我突然醒悟了，"埃德蒙森说，"我想，或许优秀的团队的确会少犯错误，但这些数据正是他们更愿意正面讨论这些问题的证据。会不会正是因为那些优秀的团队有一个开放的氛围，所以他们才及时汇报甚至彻底解决了这些问题？"

事实证明正是如此。最优秀的医院团队更愿意正面讨论问题，所以从单纯的统计排名来看非常不堪。不那么优秀的团队把问题裹得严严实实，所以在外界看来他们更有能力。埃德蒙森接着证明，那些更愿意承认和讨论错误的医院，在实际工作中表现得要好得多。

在工作中，我们常常执迷于埃德蒙森所谓的"自我保护"：担心别人不断地评价我们，不顾一切地维护自己塑造的形象。我们最不想做的事就是表现出无知、无能或过于消极，于是我们采取相应的措施保护自己：假如不想显得无知，我们只需不问问题或不提建议，否则可能恰恰会暴露我们的无知；假如不想显得无能，我们只需不去承认自己的弱点或错误；假如不想显得消极，我们只需不去批评或质疑别人的决定。

正如埃德蒙森发现的那样，表现最好的团队却会挑战所有这一切。事实上，他们能够做到这一点，因为他们创造了一种让人们愿意主动去质疑和承认错误的氛围。在医院，这种心态可以拯救生命。

使这个最基本的道理得到充分证明的地方则是另一个生死攸关的环境——航空业。当一场可怕的坠机事故消息传来时，人们的第一反应便是猜测是这场事故会是由什么机械故障造成的。是因为发动机故障？还是因为某个机翼出现了结构性损伤？

事实上，灾难性的技术故障几乎永远都不该受到指责。大多数飞机最终坠毁，都是因为机组人员犯了人为错误。1978 年，10 名乘客死于联合航空 173 号航班空难，而这场事故的发生正是因为机长忽视了一名年轻飞行员的警告，后者曾轻轻地告诉他，他们已没有足够的燃料继续在机场上空盘旋了。

2009 年 6 月 1 日，法航 447 航班在从巴黎飞往里约热内卢的途中坠毁，机上 228 人全部遇难。在这场可怕的灾难中，一名经验丰富的机组人员在自动驾驶断开后打了一系列错误的电话，才使得最初的一个技术小故障演变成了彻底无法挽回的紧急情况，最终导致飞机熄火坠入海中。

幸运的是，如今飞机失事在美国已经非常少见了，但这倒不是特别因为技术进步，也不是因为唐纳德·特朗普 2017 年在推特上所说的——他已让航空变得更安全了，而是因为在 20 世纪 70 年代发生了一系列骇人听闻的事故后，为减少飞行员失误，美国国内采取了一项重要措施。这就是机组资源管理（crew resource management，CRM），这是一个标准化的培训计划，它规定了如果感觉要出现意外，机组人员应如何向机长提出和分享自己的担忧。

"嘿，机长，看来只剩 1 小时的燃料了。我用无线电申请紧急降落吧。可行？"这便是 CRM 在工作中的一个例子。这句话包含了开场白、担心点表达、问题概述、建议的解决方案和征询同意的邀请。
这是人人都需要接受培训并掌握的五点法。它为机组人员创造了一
个个人心理安全区，使得他们可以大胆说出自己所担心的事情，而
不用害怕会被喝止或忽视。

　　毫无疑问，地球上最安全的机组当属那些彼此最熟悉的搭档。
组织心理学家亚当·格兰特指出："超过 75% 的航空事故发生于首次
搭档的机组。"他还指出，根据美国航天局的模拟："如果你让一个机
组首次搭档飞行，他们会比一个睡眠不足、刚刚飞过一个通宵但之
前一起搭档过的机组犯的错误更多。"在这样的环境中，彼此熟悉不
会导致互相轻视。反而会建立一个安全区，让人们可以在其中畅所
欲言并对彼此的决定提出疑问。彼此熟悉，还可以帮助人们避开某
些由等级过于森严而造成的风险。

　　作家马尔科姆·格拉德威尔试图解释为什么韩国大韩航空公司
在 20 世纪 90 年代末遭遇的坠机事故比其他航空公司都要多时，他
是这样说的："我们一想到坠机事故就都会认为'哦，他们用的肯定
是老飞机。他们的飞行员肯定没有经过良好培训'。这种想法是错误
的。困扰他们的其实是一种文化传统，因为韩国是等级制的文化。"

　　所以说，帮助提高英国医疗服务安全水平的责任恰好会落到一
个航空公司飞行员身上，这也许并非巧合。2009 年 3 月 29 日，马
丁·布罗米利和他分别只有 5 岁和 6 岁的两个孩子正在向妻子伊莲
挥手告别，她正要进入手术室接受鼻窦常规手术时。由于这一手术
实在太常规了，于是马丁便留下妻子，带着孩子奔回了家。

　　然而接下来发生的事情是我们所有人都会感到害怕的噩梦。马

丁刚到家，就接到了会诊医生的电话："你妻子手术后还没醒，你得马上回医院。"一到医院，他就被告知，在给他妻子做完麻醉后，手术团队一直在努力让他妻子的呼吸道保持畅通，结果她的氧气供应量降到了极低的水平。这次简简单单的手术突然变成了一场医疗灾难。现在伊莲正因严重的脑损伤而接受重症监护，她药物昏迷了好几天，但很快，医院便征求布罗米利的同意，放弃了对她的治疗。伊莲在这个常规手术后不到两周就去世了。

作为一名飞行员，马丁·布罗米利对机组资源管理的严格性和事故后审查的纪律了如指掌，他认为接下来医院一定会展开一次全面的调查，但他很快发现，这并不是医院的常规做法。不过，多亏他自己坚持不懈但又有礼有节地调查，医院终于同意请一位德高望重的麻醉师来看看究竟发生了什么。

随后的调查报告与马丁被医院引导的所谓真相完全不同。他原以为妻子的死是一个非常不幸的意外。但事实上，报告的作者说，意外是由一些最简单的错误导致的，实际上手术室里当时已有人发现了其中的一个问题，但他们无法与团队的高级成员沟通。由于一个有着60多年经验的高级专家小组未能相互沟通，从而直接导致了一名健康的37岁妇女的死亡。

我们来仔细看看那天手术室发生了什么。第一个危险信号发生在手术开始后不到两分钟的时候，麻醉师发现伊莲的气管塌陷了。处理这种不测事件有个标准流程：因为缺氧会在10分钟内导致人体出现不可逆的脑损伤，所以通常如果"不能插管，不能机械通气"，你就得在气管上做个切口，而一旦做了气管切开术，就必须让患者接受重症监护。当天手术室现场的每个人都应该知道这一点，当发现伊莲的呼吸道已经塌陷时，他们应该在几分钟之内把一根管子插进她的喉咙，或者，如果发现这样做有问题的话，他们也需要立刻进行紧急抢救。然而结果却是，手术团队花了 25 分钟才将管子插进伊莲的喉咙，在这期间，她的脸开始发青（这无疑是缺氧的迹象），心率也降到了危险的低点。

护士们看到了这些警告信号：伊莲呼吸困难，脸色发青，血压不稳定，身体抽搐（这是表明身体处于缺氧创伤状态的又一迹象），但这个资深的外科团队仍然专注于将管子插入气管，全然忽略了这些危险信号。有位护士非常担心，跑去拿来了一套做气管切开术的设备，但医生们根本不以为意。

据《新政治家》杂志随后的一篇报道称："另有一名护士给重症监护室打了电话，告诉他们立即准备床位。当她把自己的安排告诉医生时，医生们看着她，好像她反应过度了似的。主管麻醉师后来承认，他对当时的情况完全失去了控制。"

到目前为止，事实已然非常清楚了。但这件事显示出的更大问题在于，团队中的沟通出现了致命的故障。那些身居要职的人，虽然经验丰富，却无视别人的提醒和建议，这降低了团队的集体智慧。有的个体确实注意到了问题所在，她们甚至提出了应对方法，但她们缺乏"心理安全"，不确信自己是否能够直言不讳，也不确定自己的直言不讳是否会被忽视或喝止。

在马丁·布罗米利看来，医院是在旧时代等级制度的主导下运行的机构。外科医生通常是占主导地位的人物：咄咄逼人，几乎都是男性，不愿反思自身弱点或提问。第二梯队是麻醉师：承认自己是配角，安于在手术室扮演次要角色。排在最后面的是护士，她们是医院成功的关键，却总是被前面两个阶层粗暴、轻蔑地对待。在一个以业务拔尖作为人类价值标准的世界里，护士们缺乏能够赢得粗野同事尊敬的特殊资格。

然而，正如马丁·布罗米利冷静地向我们表明的那样，除非团队对持续的反馈持开放态度，否则他们发挥不出他们的全部才能："要成为一个学习型组织，你需要对经验和观点持开放态度。"他说，人们之所以会对自己知道可能是错误的事情听之任之，是因为他们觉得有必要顺应固有等级制度所施加的社交压力。他们不想找麻烦，当然也不想被人找麻烦。

回到艾米·埃德蒙森的调查报告中，她在报告中说，有位护士告诉她，当自己报告了一个药物错误后，她被医生说得"感觉自己像个两岁的孩子"。另一个护士说："如果你在这里犯了错误，医生会一口吞了你。"实际上，与此相反的是，伟大的团队愿意互相挑战，不是因为敌对，而是知道自己的观点会引起对方一定的重视。

这就是我们说的心理安全。你得知道你要对自己的决定负责，但你也得知道，当你把自己的观点公之于众时，你的同事并不会一口吞了你。资历老的人说话之所以有分量，凭借的是其在食物链顶端的地位，但我们也需要听得到年轻人的声音。他们说的也许并不总是像医院护士说的那样事关生死的事情，但他们的观点和意见，对于组织作出伟大而富有想象力的决定仍然至关重要。

4 种工作状态

所以说，心理安全和积极情绪是成功企业的两大支柱。两者兼备时，就能创造出我称之为的激情。而当你有了激情，结果将会神奇而又具有变革性。

积极情绪＋心理安全＝激情

我们现在应该已经清楚了，心理安全和积极情绪是能够独立发挥作用的。但当它们同时出现时，工作场所才能发挥其朝气蓬勃、活力四射的创造潜能。这正是工作进入激情状态的时候。

表 3 是一个简单的模型，它展示了心理安全和积极情绪可以共存的不同方式形成的 4 种工作状态。表格显示两个轴向，纵向是心理安全，横向从左到右分别为负面情绪和积极情绪。对于不同程度的中性或消极情绪，我未作细分，因为我侧重关注的是积极方面的各种已被证明的好处。

我们现在就来看一些细节吧。

生存型（心理安全低，消极 / 中性情绪）

这在一些公共事业单位和向员工提供低廉薪酬的"零时合约"的企业中较为普遍。这样的工作场所往往将个人工作限制在非常严格的规定范围内，消除个体自主性，包括他们想要表达自我或者做些哪怕微不足道的决定的个人感受。在这种情况下，如果你允许他

表3 心理安全和积极情绪共存模型

心理安全	中性或消极 / 中性情绪	积极情绪
	折磨型	激情型
高	（罕见情况）直言不讳，但缺乏积极性，这常出现于相信彻底透明的力量，却不相信工作场所也有温暖的职场。在对安全性与程序的要求非常高的行业中（如航空），我们也可以发现折磨型的存在。处于折磨型状态的工作环境是坦诚的，但也是严谨的。	以信任为基础的真诚对话与持续的积极激励相结合。激情常出现在坦诚和高产并存的创造性环境中。
	生存型	孤立型
低	一种非常常见的"埋头苦干"的工作状况。为了生存，投入大量的时间工作（或者至少被人看到你在投入大量时间），并希望避免接触有风险的项目。	在这种工作文化中，人们认为如果个人取得了巨大成就，就会得到奖励，但人们的团队意识却很淡薄。这种工作文化往往是高度政治化的，让人产生工作的不安全感。在对员工绩效进行排名，同时又提供良好福利的工作场所中，员工可能会产生这种孤立感。

们自主行动，他们反而可能会非常焦虑，甚至有时会沉溺于所谓的"防御性决策"中（这在医学和教学领域非常普遍）。广告界大亨罗里·萨瑟兰德解释道："因为医生知道，不作为比作为更容易被起诉，因而才导致了医药中的过度干预。"

"'我会给这个患者做这个探索性手术，因为这导致严重后果的可能性只有 1%。'手术本身就有一定风险。但我们还是积极面对吧，我不能因此被起诉；我已经交给会诊医生了，这已经不是我的问题了。而如果我说'听着，老实说，如果你回家，穿上暖和的衣服，三天后你就会好的……'时，我敢肯定，这时给孩子们过量开抗生素绝对是过激反应，因为回家穿上暖和衣服和吃抗生素效果一样。"

工会企业也经常处于"生存"状态下运转，尽管其表现与医院有所不同。工人们被尽量保护不受董事会突发奇想的影响，从这方面来说，他们是安全的，但在心理上，他们并不感觉安全。他们在工作中缺乏真正的发言权，也没有能力提议更好的管理方法。因此，他们常常会感到非常不满。而且，因为工作保护与真正的信任截然不同，所以这类企业中常常存在一种游戏文化和相互猜疑的氛围。这并不是说工人不应从公司反复无常的决策中得到保护，而是说工会企业长期以来的发展模式，令他们的员工常常感到缺乏动力。

孤立型（心理安全低，积极情绪）

研究人员库尔特·德克斯曾对几组学生做过一个非常有说服力的实验，这一实验使其确定了信任对团队效率的影响程度。在测试的第一部分，三人一组的学生人手分得一些彩色积木，并被要求在短时间内搭一座尽可能高的塔。然后实验会对个人和集体的成绩进行打分。但随后德克斯进行了干预。

为了让参与者对团队成员的动机产生一定程度的怀疑，他要求每个参与者采用特定的性格特征，并告诉他们其他参与者将扮演可信或不可信的角色。然后，他让几个小组重玩建塔游戏。

他发现，即便人们只是在被赋予某种特定个性的状态下玩这个游戏，但如果他们认为其他人不太可靠，建塔的动力最终也会发生改变。彼此间信任度越高的团队（即如果参与者被告知其他人会扮演可靠的角色）协作建塔取得的成绩就越好。彼此间信任度低的团队，通常是个人成绩非常好，整体成绩则乏善可陈。

我上面所描述的那种孤立状态并不一定是灾难性的，特别是对那些已习惯自己单独工作的人来说。比如记者、私人医生、无须团队激励创造业绩的某个行业的销售员。有时候，孤立带来的独立性显然是无价的。然而，当群体信任消失的时候，不管相关个人的动机如何，即使你独立性很强，也会失去一些东西。如果你不与他人合作，你就会错过这样的机会：通过与志同道合的人交换想法，你可能会获得更好的问题解决办法或更具想象力的创新。

当一个组织中的人彼此完全独立地工作时，由于没有集体学习的过程，如果个体离开，这个组织就会失败：个人积累的专业技能会随着他们的离开而消失。

还有一个问题。那就是，即使人们对自己的工作感到满意，但如果他们的心理安全感较低，他们也仍会抓不住能真正获得进步和突破的动态机会。为了避免风险，他们会在寻求创新之前试图掩盖自己。正如罗里·萨瑟兰德所说："我有时会担心不少市场调查并不是为了得到某些启发，而主要是为了在人们遇到麻烦时保护他们免受个人影响。而关于恐惧的一个问题是，它会严重限制想象力，因为天马行空比循规蹈矩更容易遭人诟病。"

　　萨瑟兰德说，这就是为什么人们总是试图作出一些安全的、容易理解的决定，而不会做任何容易让自己惹祸上身的决定。"我们常常会掩饰自己内心的决定，"萨瑟兰德说，"这就是为什么会有庞大的委员会存在，以让人们确信自己无须单独对某个决策负责。它有效地埋葬了责任，让你能尽可能远离自己的行为后果。"这种思想在官僚重重的机构被奉若神明，比如在一个糟糕透顶的行政部门里，它就是一条潜规则："别搞砸了，你捧的可是铁饭碗。"

折磨型（心理安全高，消极／中性情绪）

　　符合这一特征的工作场所并不多。显然，这一公式的两部分之间存在明显的矛盾。一个人怎么可能会在表达自己的想法时感到安全而有保障，但同时又处在一个并不温暖和激励的环境？桥水联合基金是世界著名的投资银行公司，由花费了大量时间创作《原则》一书的瑞·达利欧创建，各大媒体剪报称其为"投资界的史蒂夫·乔布斯"。

　　达利欧认为，自己成功的秘诀是利用数据来评估投资过程的各个方面，他甚至要求团队成员给包括他自己在内的与会者打分。"瑞，你在会上的表现应该得个'D–'"，这样的电子邮件是瑞自豪地向人们展示这种文化在他的公司里运行良好、生机勃勃的证明。

　　事实上，除开达利欧的那本书，他还接受过大量访谈，做过TED 演讲，但他最终却只回头谈起了这个单一的故事，这就足以令人警醒了。为什么他要提到一个自己得低分的故事？深挖下去后，我不禁意识到，言行耿直的任何潜在好处，都可能会被与之共存的残酷气氛所抵消。桥水联合基金的员工流动率之高，即明显证明了这一点。显然这似乎不是一个有趣的工作场所。每天直截了当的磨炼确实有助于员工追求坦诚的辩论，但由于缺乏积极情绪，很多人最终认定"这样太浪费人生了"，然后辞职离去。

　　一般来说，只有在不太重视营造快乐环境的工作场所中努力实现心理安全时，中性情绪和心理安全才能共存。航空业的机组资源管理、登山运动的强制性安全程序、某些医院的手术指南……这些都是有所觉悟的行业和工作场所搭建的护栏，它们以确保安全为要义，而不顾及他人和当事人的感受。

激情型（心理安全高，积极情绪）

　　心情畅快又能自由表达自己想法的团队是不可战胜的。思想是流动的，似乎什么也挡不住它们。那就是激情状态——心理安全和积极情绪的结合。

　　当然，知易行难。想要实现坦诚交流和激情平衡是一件颇为棘手的事情，它需要我们不断地努力和监控。但凡让这两个组成部分稍稍偏离正轨，好处就会很快消失。但这并不是说它不是一个值得追求的目标，或者说它不可能实现。

　　皮克斯公司总裁艾德·卡姆尔在其精彩的公司回忆录中描述了他们发现的一种强大的方法，这种方法可以直接向高层提供反馈（心理安全），同时维持渗透在公司早期文化中的美妙的积极情绪。

　　该方法是举办"智囊团"评论会。其目标，正如卡姆尔在《创意公司》一书中所解释的那样，是"把聪明、热情的人聚在一个房间里，让他们负责识别和解决问题，并鼓励他们直言不讳"。但同时这种方法也非常明确地规定，人们要确保这种直率不至变得具有破坏性（结果却是完全没有，卡姆尔认为这是"惊人"的）。最关键的一点是，项目以及项目负责人的权威绝不能被削弱。

皮克斯"智囊团"把聪明、热情的人聚在一个房间里，让他们负责识别和解决问题，并鼓励他们直言不讳。

　　整个皮克斯管理团队的成员都会被邀请参加初期影片的审查，并被要求找出问题，直言不讳。任何人都可以对手头审查的脚本或剪辑发表评论，但不允许提出建议。"智囊团的评语，旨在揭示问题的真正原因，而不是提供具体的补救措施。"无论是在工作还是家庭生活中，发现自己进入问题解决模式都很容易，不是吗？因为你只需告诉人们他们需要做什么。但专家顾问团避免了这一点。没有解决方案，只有评论。这就是皮克斯公司的做法，这能确保一席逆耳良言不会最终扼杀积极情绪带来的创意活力。

　　当鲍勃·伊戈尔领导迪士尼公司收购皮克斯公司时，他让后者的领导团队将"智囊团"评论模式带到了迪士尼电影公司（尽管迪士尼后来称之为"故事团"评论模式）。迪士尼利用这个过程塑造了不少让你欲罢不能的经典电影时刻。

在《冰雪奇缘》中，艾尔莎公主找到了她最爱的姐姐，而且对姐姐的爱远远超出了那个恼人的山民克里斯托夫。在基于信任的"故事团"评论模式出现之前，安娜和艾尔莎的关系设定甚至还不是姐妹。这种方式有利于帮助人们去挑战那些觉得不对劲的地方，但它最终还是会让团队运用自己的创造力去解决。

创造一个鼓励人们提出难题的环境并不一定意味着会形成消极情绪。正如芭芭拉·弗雷德里克森所说的："心理安全意味着没有人会因为错误、提问或求助而受到惩罚或羞辱。"如果是这样，人们便会以建设性的精神接受评论，并会受到激励，尽其所能做好自己的本职工作。

在接下来的"激情"这一部分中，我想探讨一下能够带来这种工作状态的方法。弗雷德里克森表示，其中的基本原则应该是，**每个人都必须被允许提问和表达怀疑："我需要听听你的意见，因为有些地方我可能会有欠考虑。"**

我们大多数人每天在工作中都会面临着一些小风险。不管我们是在向人推销什么，我们都在为名誉而战——哪怕只是在很小的程度上。我们可能在担心自己也许用错了工作方法。我们似乎也特别多疑，长期处于被解雇的恐惧中（甚至我们怀疑自己可能会在某些工作中被起诉）。由此看来，确保自己的安全感，对我们的工作质量何等重要。

最近有人告诉我，某家相当知名的科技公司的一位任职不久的高层老板，在一次短暂访问时应邀向团队发表演讲，当时该团队的现任经理杰瑞碰巧不在。

他在现场回答某个问题时说："如果情况没有很快好转，杰瑞得知道我会解雇他。"我怀疑，如果我们正儿八经地让他好好回想一下那一刻，然后再谈谈自己的感受，他肯定会告诉我们那只是句玩笑话，他只是在插科打诨而已。也许是的。然而信息发送地和信息接收地完全是两个截然不同的世界，这条信息传播的鸿沟，可能会变成一个充斥着流言蜚语、谣传和怀疑的腐烂泥潭。不管他是不是在开玩笑，那位高层老板都是在直接向团队暗示，这个特殊的工作场所不是一个能让人感觉心理安全的地方。

有些公司把这种方法当作一种有意识的策略。2009 年"奈飞文化甲板"首次在网上发布时就因其赤诚而轰动一时。正如《纽约时报》所说，如果奈飞公司员工的工作只是做得尚可，那他们无疑会被解雇："表现差强人意的人会得到丰厚的遣散费。"这也是奈飞前首席人才官帕蒂·麦考德拒绝用"家庭"这个词来形容伟大团队的原因之一。

不管圣诞晚餐有多难吃，你都不会解雇你的妈妈；你的弟弟可以在家乱跑，踩得满地泥巴，但他的名字仍会留在家庭群里。我们知道工作不是家庭，但为了心理安全，我们得确定人们会接受自己，而不会有被预判或拒绝的风险。正因为实现心理安全难如登天，故而有些企业干脆选择放弃尝试构建它。

达到激情状态当然很难，但当一家公司能够实现心理安全和积极情绪的结合时，结果是惊人的。现在是时候谈谈那些能给你的团队带去激情的行之有效的方法了。

激情 1

从团队的角度来定义挑战

2008—2014 年的短短 6 年时间里，手机巨头诺基亚遭遇了企业历史上最惊人的一次财富逆转。该公司拥有约 40％的全球市场份额，是其最接近的竞争对手的两倍多，地位似乎无可撼动。诚然，苹果、安卓和黑莓正在蚕食诺基亚在豪华、普通和商务手机市场的主导地位，但这位芬兰巨头相信，其新的塞班操作系统将甩开紧随其后的竞争对手。然而一切都错了。

卡斯商学院教授安德烈·斯派塞认为，这个问题很容易就可以看出来：塞班系统太差劲了，速度慢得似乎落后了新款苹果手机好几代。

诺基亚的员工也早已完全意识到了这一点：智能手机随着创新而呈爆炸式增长，而诺基亚的产品在这一创新过程中却没有任何竞争力。但他们决定什么也不说。

斯派塞解释了原因："他们害怕把坏消息传给上级，因为他们不想显得消极。他们内部有这样一种氛围：如果你想让你的部门保留下去，就必须向上传递积极消息。"

结果呢？2014 年，诺基亚的市场份额下降了近四分之三，公司除了在功能手机领域上还能勉强维持地位外，在智能手机领域，其早已一溃千里。那一年，作为最后的希望，这家曾经开创先河的公司被微软公司收购了。

如何解决问题，取决于如何定义挑战

有时我们发现，即使怀疑事情是错的，我们也更容易随波逐流。这是一个完全取决于我们如何定义我们面临的挑战的问题。

如果我们抱着让高层人士开心的心态来处理问题，那我们就是在围绕他们而不是围绕问题本身来定义挑战。反过来，如果我们把挑战定义为一个我们都需要解决的问题，并以一定程度的开放和谦卑的态度来解决，那么我们更有可能实现完全不同的结果。

定义，正如术语所示，是指完整塑造我们看待事物的一种方式。艾米·埃德蒙森甚至认为它可以拯救生命。例如，她声称，奥地利神经学家和精神病学家维克多·弗兰克尔之所以能够忍受奥斯威辛集中营的恐怖折磨，是因为他将自己的经历定义为：记录自己观察到的这些英勇事迹然后活下去，这样才能与全世界分享这些故事。

劳伦斯·冈萨雷斯通过多年来对那些在可怕的灾难中幸存下来的人的研究，得出了这样的结论：他们的幸存概率极大程度上取决于他们对自己处境的定义。据幸存者说，有的同伴抱怨上天不公、自己不幸，拼命挣扎而最终屈服倒下。有的同伴则视之为一个需要以开放和谦卑的心态去解决的问题，最终证明后者更有可能挺过去。

埃德蒙森在美国一些大医院进行的一项心脏手术研究有力地说明了这一点。直到最近，外科医生使用的标准手术方法仍然有效且相当残忍：患者的胸骨被切开，以拉开胸腔，这样就可以很容易触及心脏。

然而，自 2009 年以来，人们已经掌握了一种在肋骨之间开孔的技术，那是一种有效的微创手术，这种技术的优点是它的侵入性小得多，因此恢复时间大大缩短。但它也要复杂得多：外科医生不是像以前那样直接触及心脏，而是通过腹股沟的动脉和静脉触及心脏。

一位护士说："（新技术）最困难的是我们看不见。如果有动脉出血或其他异常情况，我们都根本看不见。而在一个敞开的胸腔里我们才能看见。"率先采用这一新技术的试验小组估计，执业外科医生需要大约操作 8 次后才能熟悉这项新技术。事实上，大多数团队需要操作 40 次才能掌握这个流程。

但有趣的是，操作成功以及成功的速度，很大程度上取决于各个手术团队如何定义这项挑战。有些团队采用了传统的"自上而下"的方法，即由主刀医生操作，其他人在一旁观察。主刀医生通常会拒绝佩戴头部摄像头，虽然这样可以让其他人观察到自己在做什么，但显然对外科医生本人却没有直接好处。而且事实证明，他们也不愿意就具体进展情况进行长时间的讨论，他们倾向于让有疑问的人先与在场的初级医生交谈。

但其他团队则会采用埃德蒙森所称的"学习法"——通常是在他们尝试过"自上而下"的方法且失败后。所谓"学习法"，是指主刀医生会自行挑选一名副手，但随后会将团队其他成员的选择权委托给所需领域的各个顶级专家。在使用新技术进行手术时，主刀医生会强调这是一个挑战，但不会单纯地以个人的角度来描述这个挑战（"我必须掌握这项技术"），而是将其视为团队挑战，让每个人都了解接下来将要发生的事情的复杂性，并明确每个人都有自己的角色定位。"你们大家必须各自把关，合力把这个手术做成功。"有位主刀医生曾这样说。

在 20 次手术后，选择"自上而下"方式的医生评论道："新技术看来并没有比我们之前的手术技术好很多。"

果然，没过多久，采用"自上而下"方式的医院彻底放弃了这项创新技术。相比之下，那些采用"学习方法"的团队则正在享受显著的成功。40 次手术后，主刀医生开始接受更具挑战性的病例。埃德蒙森还提到，这些团队变得非常热情和积极。"我发现这些患者恢复得非常好，"一位护士告诉她，"这真是一次非常有益的经历。很感激我能被选中参与这一手术。"

此外，他们培养了一种真正的团队默契。"他很平易近人，"一位团队成员这样评价他们的主刀医生，"他在办公室，总是有求必应，随叫随到。他总能花 5 分钟时间来为你解释一些事情，而且他的解释简单易懂，从不会让你感到自己很蠢。"

不是"个人的挑战"，而是"团队的挑战"

"团队的氛围自由而开放，大家都能各抒己见。"一名护士说。在采用"学习方法"的手术中，没有人表现得好像只有他们知道所有的答案。主刀医生会使用头部摄像头帮助自己的团队，并主动邀请大家进行反馈和咨询。

手术室建立起来的这种默契也传到了病房。事实上，它使每一个参与其中的人都形成了一种真正的目标激励意识（"我们所做的一切都是为了患者"）以及集体学习如何解决问题的意识。

我们大多数人显然很少会处于这样的生死境地。但埃德蒙森所说的定义方法有着非常广泛的应用。

埃德蒙森建议，不要用狭隘的或个人的方式来定义事情，我们需要扩大范围："告诉自己，这个项目与你以前做过的任何事情都不一样，它提供了一个富有挑战和令人兴奋的机会，让你可以尝试新的方法并从中学到东西。"

这样做的同时，我们也会很快意识到自己身边需要一个团队。"要将自己视为对成功结果至关重要的人，但同时我们也要明白，如果没有他人的自愿参与的话，仅凭我们的一己之力是无法成功的。"

这便又涉及了我之前讨论过的心理安全。假如你从团队的角度来定义挑战和问题，那么你需要做的便是确保团队中的每个人都能畅所欲言，使其不用担心被嘲笑、轻视或喝止。

发挥团队力量的 3 个方法

艾米·埃德蒙森建议我们采取三种方法来确保实现让每个人都能畅所欲言的团队氛围。第一，为了"将工作定义为学习问题，而不是执行问题"，我们需要在办公室里营造一种明显的充满不确定因素的感觉。我们在工作中常常觉得必须表现出坚决和肯定，且往往容易认为，回答得一清二楚、毫不含糊的人永远是正确的。但假如我们真的想要取得进展，我们的出发点必须是：我们没有所有的答案，我们需要每个人的参与。

与此相关的是埃德蒙森的第二条建议：我们必须承认自己也会犯错。领导们应该练习告诉团队："我需要你的意见，因为我很可能会漏掉某些细节。"正是这样的表态才会令其他人畅所欲言。

第三，也是最后一点，埃德蒙森说，我们应该坦然表现出好奇心，并鼓励其他人也这样做。

从埃德蒙森研究的那家"自上而下"式的医院可以看出，心理安全是非常难以实现的。假如达到这个目标只需大学学历和才智，那么那个资深团队便绝不会失手。然而实现这种状态，实际上却更有赖于培养一种开放和谦逊的意识。我们在工作和生活中的本能是走向确定：当有人似乎有答案时，我们便会感到安全。但在心理安全的状态下，团队需要分享不确定性，并说出他们的疑虑。它的确会让我们感到不自然，让我们感觉好像是在故意制造不安，但其最终结果却是能增加彼此的信任。

试着取消一周的团队会议议程，并进行一次讨论：你们所有人都试图达到的最终目标是什么。

练习说"我不懂"，并鼓励别人说。

不要害怕从不同的角度看问题。"这里会出什么问题？"是一个值得问的问题。

鼓励团队一起谈些全新的东西，并就其中每个组成元素提出些问题。你需要强调这是一个关于发现的练习，无关观点：你在努力建立一个问题清单，它将为大家打开一个探索的话题。

激情 2

真诚地承认错误

我已经广泛讨论了在工作中营造一种积极的氛围是多么重要，以及这种激情状态影响、启发和激励他人的种种方式。但在着手营造这种氛围时，你必须非常小心。试图强制要求人们拥有激情绝不管用：这样做只能换来冷嘲热讽。你无法要求人们快乐或者去拥抱一种快乐的感觉。但你可以创造环境，让人们的积极情绪高涨起来。

在所有公司都表示渴望建立开放和真诚的反馈文化方面，情况也是如此。人们有理由怀疑那些在价值观陈述中强调开放和真诚、但却没有具体说明如何在实践中达到这种效果的组织。

所有金融部门都支持个人拥有公开不当行为证据的权利，但在这一点上，英国金融服务监管机构和巴克莱银行引起了许多评论员的愤怒，因为当时巴克莱的首席执行官杰斯·斯坦利试图强硬地曝光一位提供了相关证据的吹哨人，且斯坦利几乎没有因此受到制裁。但对于希望实现这种真诚性的团队来说，有一个相对简单的方法可以确保在不造成附带损害的情况下听到真实的声音。

英国特种部队的"认错"精神

不久前，我有幸能和英国特种部队的一名少校乔纳森聊了聊。特种部队成员不仅需要经过严格甄选，同时也被灌输了一套非常强大的价值观。

不过，乔纳森解释说，这些价值观虽然对整个机构来说是普遍的，但是经常被特定团队特有的其他准则所强化。这些当地价值观往往是在一个中队的团队层面上定义的，而不是由上层强加的。

这样，他们感觉才会更自然和真实。这些共同信念是对永恒的军事价值观的补充，如"自尊""守纪"或"不懈追求卓越的特种部队精神"。

人们普遍以为，军队里除了等级就是命令。事实上，其座右铭"服务于领导"暗示了一些更微妙的东西。乔纳森煞费苦心地向我解释说，"在军队里，我们所做的一切都是下命令"的看法是错误的。"事实上，"他说，"任何时候我们都需要给出明确的指示，我们必须扪心自问，如果在准备过程中失败了怎么办。"他还说，"如果我们命令某人做一些他们不打算做的事情，那么在某种程度上，我们必须问问自己，这是否存在领导失误。展现军队日常生活的，自然不该是一堆的指令。就长期而言，领导力无法靠命令来维持。"

或许，简单的自上而下的命令方式的谬误，莫过于进行定期反馈。或者说，正如乔纳森所谓的每日"现场检点"。他告诉我，驻扎在阿富汗赫尔曼德省的营地堡垒时，军队每天都会从尘埃笼罩的营地出兵，在该地区巡逻，必要时他们还需要与敌人交战。一旦回到基地，突击队长便会带头对过去几小时内发生的事情进行回顾。

他告诉我："领导层认为，表明每个人都感觉安全的最明显的信号之一，就是每个人都能对自己的表现直言不讳。"

"比如引导大家说'假如能让我重新来一次，我会这样做'之类的话，这有助于让中队其他成员能更轻松地分享自己的体会。"乔纳森用心良苦地指出，这样做的目的并不是要队员做正式的检讨，而是引导队员进行坦诚的讨论，让每个人都意识到自己所起的作用。不管作用是好是坏。

作出开场白之后，其他人会展开更广泛的讨论，讨论未来或许可以实施的操作改善方法。虽然现场检点不会持续几小时，但其面面俱到，每个人都有机会分享他们的想法。"通常不超过 10 ~ 15 分钟。"大家全副武装地站在那里，所有人都很清楚，这是一个简洁的讨论，用以及时分享各自的感受。检点会结束前，队长会对刚才的讨论进行总结，并概述中队今后将调整的方向。

"现场检点" 的流程

这是一个再简单不过的流程，但它包含了几个元素，使其最终效果非常之好。首先，它是在第一时间进行的。队员绝不等到完成一天的工作之后再去回顾，中间没有任何耽搁。

乔纳森就如何将这一点应用于普通民众身上提了个建议："我们经常会发现，自己在结束客户会议或演讲后，并没有花时间进行总结。实际上在回家前花 15 分钟做一个提前计划好的汇报，会让我们对刚刚的会议有个更加清晰的印象。除非我们提前计划好了这些事，否则我们很可能只会在电子邮件上写几个字交换一下意见，而等到了真正讨论成果时，我们也早已没有了针对性和新鲜感。'会开得不错'成了唯一值得我们能肯定地说出口的感受。"与之相反，"现场检点"则是现时现地进行的。

其次，每个人，尤其是指挥官，都在谈论他们可能出了什么问题，以及他们认为下次如何做才能做得更好。

乔纳森说："花点时间承认自己搞砸了，是学习的重要组成部分。"

他接着说道："训练对我们来说意味着一切。"他对精锐部队的看法是，他们需要将基本功打得非常扎实，以此为可能发生的事情做好部分准备。

"我们花了很多年时间进行准备。桑赫斯特①一年的课程都不会被视为训练，它只会被视为一个选拔过程之一。""这就是为什么我们会引用海豹突击队的那句话，'面对压力，你不会因现场状况而能力飙升，你只会掉到训练时的水平'。"他总结道。

以非对抗性的方式分享观点也至关重要，因为这会在团队内部建立信任，即坚信团队成员会"在压力下做正确的事情"。因为人们彼此信任，所以才有可能"将决策传递至最底层……人们相信，如果一个中队准备得非常充分，那么他们将最有可能让每一个人都作出正确决定"。

---

① Sandhurst，是位于英国英格兰的一座小镇，桑赫斯特皇家军事学院即位于此，桑赫斯特皇家军事学院是英国培养初级军官的一所重点院校，也是世界训练陆军军官的老牌和名牌院校之一。它与美国西点军校、俄罗斯伏龙芝军事学院以及法国圣西尔军校并称世界"四大军校"。——译者注

在步履匆匆的世界，花点时间说抱歉

不仅仅是军队在利用现场检点会的作用。最优秀的运动队也在采用类似的方法，利用比赛或赛程中的休息时间来讨论什么比赛方式有效，什么无效，以及如何最好地适应他们目前面临的局势。它也适用于商业领域。

研究人员康妮·盖尔西克发现，在那些周期紧张的项目中，团队成员往往会在做到一半的时候质疑自己的方法并调整计划。她认为，正如体育比赛的中途阶段是重新评估战术的最佳时机一样（许多体育运动都有中场休息时间），因此，医院、银行、管理咨询和大学项目的中段也会是一个颇有价值的触发点，以让大家进行集体反思。

现场检点会可以让团队暂停脚步并真诚地评估自己刚刚经历的事情。在一个步履匆匆的世界里，花点时间说"这就是刚刚发生的事，我为我的错误感到抱歉"具有巨大的影响力。一句抱歉，通过坦承弱点，营造了一个让心理安全得以扎根的环境，随后的种种优势，皆由此生发。

对争议和问题直言不讳。

确保领导们开始带头说他们做错了，他们本该做得更好。

鼓励所有人说出自己内心的想法。

绝不说"抱歉，可是……"。这跟道歉背道而驰。假如在你的道歉背后还藏着一个借口，那么你是时候学会成长了，你要开始学着真诚。

激情 3

保持团队精简

当耶鲁大学教授斯坦利·艾森斯塔特被学生问到他们该在课程上花多长时间时，他一时语塞。这激起了他的好奇心，他渴望能够为未来的大学生提供这方面的指导，于是他决定进行调查，以准确了解目前的学生需要多长时间才能完成自己交给他们的作业。结果令他深感惊讶。他说，有些学生只需花费别人投入的1/10的时间便能完成作业。这并非是因为他们更能干：他们只是效率更高。更重要的是，他发现，花费的时间和获得的分数之间没有必然联系。

艾森斯塔的发现，引起了软件开发人员杰夫·萨瑟兰德的极大兴趣，他决定将同样的调查应用于工作领域。他问自己，假如动作快的学生能比动作慢的学生速度快10倍完成作业，那么高效的团队能比普通的团队快多少时间完成一个项目呢？如果答案也是10倍，那这就意味着，动作最快的团队在一周内完成的工作，抵得上一个慢吞吞的团队两个半月的工作！这是一个令人担忧的差距，会给不同公司的生产力带来大量实质性影响。

"最好的团队"和"最差的团队"
生产率相差 2 000 倍！

萨瑟兰德相应地研究了 3 800 个不同的项目：从会计行业到软件开发，再到 IBM 这样的公司的技术工种。他发现这些行业工作当中的效率差异远不止 10 倍。

一旦考虑到团队、讨论、演讲、状态聊天、电子邮件和评论的复杂性，他发现，人们花在一个组织凌乱的项目上的时间似乎会呈指数级增长。

"实际上，动作慢的团队何止要花 10 周时间才能完成最优秀的团队一周便能做完的工作，"萨瑟兰德总结道，"他们得花 2 000 周。"

最后这句让你重新把上面那段话读了一遍，是吧？这不可能是真的。一定是我漏读了什么内容？最好的团队和最差的团队之间竟有 2 000 倍的差距，这也太极端了，让人乍然听闻时根本难以置信。但想想我们在报纸上读到的一些有关大型基础设施项目的报道。为什么 X 项目看起来完成得如此迅速，且完全在预算之内？而相比之下，为什么 Z 项目从一开始就有人全程关注，却还额外花了一大笔钱？为什么在杰夫·萨瑟兰德和他的同事出现之前，软件项目总是因进度迟缓、预算超标、质量低劣而臭名昭著？

我们总是把工作太过复杂化，以至于即便是非常简单的项目也会因为过度拖延而变得复杂和难产。我们陷入了没完没了的评审和讨论中，或者成了罗里·萨瑟兰德提及的防御性决策的普遍受害者。

"敏捷开发"：定期冲刺实现"超级生产力"

正因杰夫·萨瑟兰德震惊于如此多团队的糟糕表现，他才被驱使着设计了一种新的名为"敏捷开发"的方法。敏捷开发框架（有点类似后来的"敏捷开发思维模式"）是一个能让小型开发团队彼此间相互协作、最终实现既定目标的系统。最初它被用来处理复杂软件项目的延迟问题，现在已被一些网络开发领域的大牌公司广泛使用。但它的用途也远不止于此：从美国军方到英国广播公司和英国电信这样的组织都在使用。它的口碑归根结底还是源自该系统实际运行中产生的良好效果。

"运作良好的敏捷开发团队能够实现我们所谓的'超级生产力'，"萨瑟兰德认为，"这有点令人难以置信，但我们的确经常看到，有些有效实施敏捷开发的团队，生产效率提升了 300％ 到 400％。最好的团队可以实现高达 800％ 的生产率提升，并能够一次又一次地复制这种成功。他们的开发质量也提高了一倍多。"

这里不太适合详细讨论敏捷开发的方法论，我只能为其简单做个介绍：它的核心是让团队成员定期聚在一起审查任何积压的工作，并商定哪些工作是迫切需要做的，然后在短时间内完成他们既定的一系列任务。但它有两个特点值得一提。

第一个实际上就是我在前一节中描述的现场检点会的翻版。现场检点会是一种事后剖析，是在需要回顾的事件或项目结束后第一时间进行的。萨瑟兰德的会议是一种事前检验，每天都在同一时间举行，旨在让人们快速反馈事情的进展情况、现在需要关注的重点以及哪些事情需要特别关注。它需要持续不超过15分钟的时间，并像现场检点会一样，应提出一系列简单的问题，由此衍生出简单而可行的答案。昨天你做了什么来帮助团队完成冲刺？今天你将做什么来帮助团队完成冲刺？是什么阻碍了团队朝前走？

敏捷开发的另一个显著特点就是它强调团队规模。遇到问题时打人海战虽然很诱人，但极少能奏效。相反，萨瑟兰德则认为，团队应该尽可能精简，理想情况下是7个人左右，在这一基础上仅可上下浮动1~2人。为了支持这一点，他援引了美国软件工程师弗雷德·布鲁克斯于1975年提出的布鲁克斯定律，该定律指出"在一个已经延后的软件项目上追加人手会使其越发延后"。

我们大多数人都曾经历过这样一种典型状况：有些工作干脆自己做似乎还比花时间向别人解释更容易。但萨瑟兰德支持小团队的论点比这更加直达根本。他认为，在团队中增加一个人的问题在于，这会令沟通渠道更为繁复。他甚至还列了一个公式，他说："如果你想计算团队规模的影响，你就拿团队人数，乘以'这个数字减去1'，再除以2 [沟通渠道 $=n(n-1)/2$]。"或者用表格来呈现，便得到了表4。

一旦根据所涉及的沟通渠道的数量来评估团队规模，大型团队中固有的问题就会立即凸显出来。因为团队很快就会产生一种超负荷感，很容易令人们困惑不已。用萨瑟兰德的话说："我们的大脑根本无法同时跟上那么多人。我们不知道每个人都在做什么。而当我们试图找出答案时，我们便放慢了脚步。"

这个道理不仅适用于从事特定项目的团队，也适用于各种类型的工作聚会。比如说，当与会人数超过必要人数时，会议就会不可

表 4　团队规模与沟通渠道关系表

团队规模	沟通渠道
5 人	10
6 人	15
7 人	21
8 人	28
9 人	36
10 人	45

避免地慢下来。扩大参与面的确很有诱惑力，但危险的是，当你把整个团队一股脑儿地集中到一起时，本来可能只是 5 分钟的面对面交谈，或者 10 分钟的跟踪会，便会慢慢地像滚雪球一样变成 1 小时的演示，你会发现到处都是 PPT 演示文稿和没完没了的提问。

在其职业生涯中，萨瑟兰德见到过数千次这样有欠考虑的集会。由于人们想让事情变得更大、更正式，原本简单的活动所需的时间成倍增加："几分钟的会结果开了几小时。"

会议只让"真正需要的成员"参加

帕特里克·兰西奥尼是全世界几家最高级的商业管理团队的著名教练，在他看来，这一基本原则一直延伸至最高层。如果大型项目团队效率低下，那么大型管理团队也同样如此。

　　兰西奥尼认为，团队的规模使得其成员无法向权力阶层说真话。在小团队中，员工可以安全地挑战领导者的观点。但在大团队中，兰西奥尼注意到，假如团队成员没法那样做，他们则往往会向自己的更下属人员表达沮丧情绪，而这种情绪表达常常是对下属人员私下的冷嘲热讽，影响极坏。

　　他们这样做的部分原因是，他们未将自己视为管理团队的一员，而将下属人员视为自己的"真正团队"。在兰西奥尼看来："领导层内部为避免彼此间的不适，他们只会通过本该对其进行维护的组织，将更多的不适传递给更大的群体。"

　　他认为，尽管通过提拔人们到拥挤的高层来嘉奖优秀管理者的做法挺有诱惑力，但将领导团队限制在不超过八、九个人的范围内更为合理："当一个团队超过八、九个人时，成员们鼓吹的往往比他们探讨的多得多。"显然，萨瑟兰德的团队规模法则适用于上下层整个组织。敏捷开发法已被无数软件开发团队所验证。事实上，正如萨瑟兰德所说，一些团队表示，在他们消除了大型会议和大型团队带来的拖累后，团队生产率提升了8倍。

　　这一发现与我之前提到的艾米·埃德蒙森对医院团队的研究非常吻合。她发现，最好的团队会进行"快速的、以任务为中心的信息更新"，在这一过程中，问题会被直接摆上桌面，并被迅速处理。

　　所以下次你要召开会议时，请首先确认一下你是否真的需要那些经常参会的人来参加。当你把某个项目组放在一起的时候，不要错误地认为投入的人越多，项目就显得越重要。通过缩小团队规模、缩短会议时间，你可能会如同施加魔法一般助会议取得成功。

问问你自己，你召开的大型会议是否太大了？偶尔与非核心人员进行简短的信息更新交流是否更有意义？

评价团队究竟做了多少"真正的"工作？哪些工作是你能轻易停掉的？

记住，最好的团队很少超过八、九个人。

激情 4

关注问题，而不是人

通用电气被认为是几乎仅凭一己之力便创造了现代管理。在这过程中，早在20世纪80年代，传奇首席执行官杰克·韦尔奇就为他的公司导入了一种全新而异常残酷的员工评价方式。

它根据员工的表现进行评分，被称为分级评价制或强制排名制。因为韦尔奇知道，真正伟大的员工数量有限，能干的员工数量要大得多，而勉强胜任的员工也少，所以他坚持认为分数必须与正态曲线的形状一致，他的经验法则是，20%的人应被评为优秀，70%的人应被评为完全胜任，而10%的人则应评定为低于标准值。

当然，韦尔奇采取这项操作的部分缘由，是为了鉴别未来的潜在领导者，但它也被用来迅速除掉表现最差的员工。实际上，韦尔奇的观点是，每年那末位的10%都应被淘汰。他的做法很快得到了其他组织的青睐。

据估计，自韦尔奇首次倡导以来，有多达三分之一的公司在某个阶段导入了分级评价制。

奈飞文化：职场"饥饿游戏"的代价

当奈飞公司的文化手册在全世界毫无准备的情况下发布时，分级评价制的精义得到了迅速提升。这部由帕蒂·麦考德参与编写的手册，如今已取得了巨大的成功，并在网上被广泛分享。它的哲学是坦诚的超资本主义。公司严肃声明，员工应该期望与"才华出众"的同事一起工作。这就意味着，那些不怎么"才华出众"的员工必须离开："与许多公司不同，我们的做法是'表现差强人意的人会得到丰厚的遣散费'。"或者正如麦考德向我介绍的那样，如果有些人的表现被评为 B 级，他们就该被告知将离开公司了。

奈飞是一家伟大的公司。但这是一种伟大的操作方式吗？精英评价的理念在体育等领域显然是有意义的。但在工作领域，这种对有才华和没有才华的人的生硬看法会弄巧成拙。仅仅只谈美国公司，它们每年估计就要花 200 小时对员工进行排名，这让人们感觉自己好像是在一个公司版本的"饥饿游戏"中工作，这着实令人沮丧。

更重要的是，人们感觉受到了严格的审查和比较会导致相关不确定性的增加，于是人们对信任和协作的心理安全也随之丧失了。

"如果你鼓励员工合作，他们便会分享信息，花时间培训同事，而不是只考虑自己。"加利福尼亚大学经济学教授彼得·库恩说。但是如果你让他们在达尔文式的生存斗争中互相竞争，那么心理安全就会消失。因此，过分强调个人表现的工作场所最终会发现其换来的结果更加糟糕，也就不足为奇了。

正如我前面提到的，这需要达到一种微妙的平衡。在组织中，你需要直截了当地交谈，正如艾米·埃德蒙森所说："使用直接的、可操作的语言……对有效的学习过程有所贡献。"但其如需以牺牲心理安全为代价，你最终便会陷入磨难状态。告诉团队中的每个人他们可能不会被裁，这对团队建设来说不是好事。它还会给小组讨论引入一个错误元素。团队合作是为了达成目标，而不是为了互相责难。

以模型、图表形式呈现问题

比亚克·英厄尔斯是一位才华横溢的建筑师，2016 年被行业网站 Dezen 誉为世界第二大天才设计师。一开始，英厄尔斯在自己的祖国丹麦做富有想象力但成本低廉的住房项目，但很快他便受邀到世界各地建造梦幻般的建筑，包括最近对纽约摩天大楼进行的颠覆性再度阐释，如位于曼哈顿市中心的外形像座被压扁的金字塔的 Via 57 大楼和一个名为"第十一大楼"的雄心勃勃的项目，后者将包含 236 套公寓的两座扭曲的塔楼建到了纽约高线公园的旁边。

这位年轻的巨星建筑师，做着数十亿美元的项目，承受的压力一定非常之大。但他有个非常有效的方法，以确保压力不会影响到他或他的团队，尤其是在千头万绪的时候，团队具有分歧往往在所难免，但他也能确保这些分歧不会变成个人矛盾。他在向别人展示或与对方讨论自己的作品时，手头总有草图和模型。对建筑师来说，这似乎是一种极为常见的做法。但有趣的是他的理念。

"我始终认为，"他说，"能够促使大家坦诚合作的最佳方式，以及避免将这种合作变成各自单方面想法的途径，在于该想法是否总是以模型、草图、图纸或描述的形式呈现。这样的话，即便有人提出批评意见，我也会认为他们不是在批评提出这个想法的人。他们批评这个想法是因为这个想法就摆在我们之间的谈判桌上。"

英厄尔斯告诉我，他们设计的 20 个项目中有总有 19 个永远不能通过，这是任何建筑实践都面临的挑战之一。这些设计项目中有的可能是因为在竞争性投标过程败给了对手，有的可能是因为客户改变了主意，有的则可能是因为拿不到建筑许可证。

机会屡屡丧失，面对失败和被拒，人们极有可能产生风险规避情绪。但英厄尔斯知道，假如他想让团队在工作中达到能让他们尽快一举成名的创意水准，自己就必须先保持鲜活的设计思维。因此，坦诚交换意见至关重要。

"建筑师在这方面可能特别荣幸，因为我们所做的工作会非常真实地呈现在我们的工作环境中……比如你造的模型、你绘的图纸，"他对我说，"从某种程度上说，启动一项创意活动，让大家集思广益地参与其中，最好的办法就是让这个想法能尽可能直观，或者能尽可能直观地呈现。因为这样，对话才会聚焦到这个想法上，而不是你说你的、我却说我的。"

并不是所有的讨论都能像英厄尔斯所描绘的建筑领域的交流那样容易让人有直观的感受。但也不难看出，为某个特殊项目拟个流程图，或为大家建议的某个新流程画个草稿，对讨论的帮助确实不小。去除讨论中的个人因素，鼓励人们专注于手头的工作，而非所涉及的个人。多数团队都觉得实现心理安全的这个挑战很难实现，那就试试类似英厄尔斯使用的新方法吧，这可能就是你要找的良方。

试着找到确保"讨论的是问题，而不是人"的方法。

让团队成员以图表形式呈现问题可能是值得的，这样其他人就可以专注于信息本身而非传递信息的人了。

项目流程图对讨论的帮助很大，试一试吧。

激情 5

导入一个"黑客周"

我在前面提到过，我们对工作的满足感来自自主性（能够自由完成工作并带去个人影响）、掌控感（感觉我们在越做越好）、使命感（理解我们为什么要做某项工作）和发言权（能随时表达自己的观点）。但是，虽然我们大多数人可能都会想把自己的工作规划成这样，但实践起来中往往障碍重重。套用某位哲人的一句话："当你忙着为工作做各种策划时，工作已悄然来临。"这就是为什么说在日常工作中适时按个暂停键，是增强创造力的最有效方法。

为什么谷歌的"70-20-10"时间分配法从未真正实现？

谷歌从一开始就宣称，他们将让工程师们以"70-20-10"的比例自主分配时间，这已经成为公司的传奇文化了：70%的时间用于做本职工作，20%的时间用于做他们认为最有利于谷歌的工作，剩余10%的时间则可用于做他们选择的任何事务。"这让他们更有创造力和创新精神。"谷歌创始人在首次公开募股书中这样说道。公司列举了谷歌邮箱和谷歌地图的例子，称它们便是这种灵活性带来的产物。

这听起来真棒！但唯一的问题便是，这"70-20-10"的比例分配从未真正实现过。在谷歌工作的四年里，我经常会问工程师，是否真有过这20%或10%的时间。他们总会被这个问题逗乐。

"当然有啊，那20%的时间，我们叫它周六。"有人对我说。"我得告诉你关于谷歌这20%的时间的一个肮脏的小秘密。实际上它应该说是被变成了120%的时间。"

谷歌的第20号员工玛丽莎·梅耶尔说："我强烈怀疑，任何新进员工如果因为已把时间分配给一周中那20%的时间而拒绝参加某个会议，都会当场受到批评。20%原则可能在谷歌公司外部已经引起热议，但在谷歌内部，却被当成笑话。"这并不是说周六做项目不可行，但在大多数公司，要推动长期业绩，这个方法并不可行。

20%原则的问题不在于其背后的想法，而在于它所依附的数字。"20%的时间，从一开始，这一步就迈得实在太大，"作家丹尼尔·平克对我说，"这一比例太高。"换句话说，如果这一比例小一些，那它绝对值得考虑。

改变世界的"万能新材料"竟是玩乐时间的产物

平克跟我讲了安德烈·海姆和康斯坦丁·诺沃肖洛夫的故事，他们是曼彻斯特大学的教授，因分离出石墨烯而在2010年获得诺贝尔物理学奖。石墨烯是一种真正了不起的物质。几乎全透明，每一层都薄得令人难以置信，肉眼几乎看不见。它是人类所发现的最强的物质之一：它能导电，并且在未来，它将被用来过滤海水中的盐分、帮助我们制造出比现在充电速度快五倍的电池、提升靶向给药技术等。

那么安德烈·海姆和康斯坦丁·诺沃肖洛夫是如何发现制造这种神奇物质的方法的呢？这竟是他们在休息时间玩弄奇思妙想的结果。

起因是两人发现，他们的各种职责已威胁到自己享受工作的乐趣。于是他们发起了一个非正式的"周五晚上的实验"研讨会。每周五晚上，他们会抽出两三小时，反复琢磨各种想法和创意，而这一研讨会中唯一的规则是，既不讨论有研究经费的项目，也不讨论计划写成论文的内容。

有个星期五的晚上，他们玩得很开心。他们反复地在一块碳石墨上贴胶带，每条胶带撕下来的时候都会剥离几片石墨。过了一会儿，石墨薄片变成了只有几个原子厚的固体条片——那就是石墨烯。随后，两人开始测试他们所制物质的性能，很快，他们意识到这一发现很可能被证明具有几乎无限广阔的应用前景。

这里的重点是，正如丹尼尔·平克所说，这两人之所以能取得这个非凡的突破，并不是因为在这件事上花了大把的时间，反倒是因为他们在繁忙的工作中放松了差不多一场电影的工夫。我的意思绝不是说，假如每周跑去花园小筑里休闲一两小时，我们就都能得诺贝尔奖，但如果我们能留出一小段时间来进行思考、交流想法、开展实验，我们的收获必定非常显著。事实上，在我们繁忙的生活中，选择将工作周时间的 10% 或 20% 用于此类活动的确不太切合实际，但若是每周利用零散的几小时时间，则绝对是个好选择。

这正是"黑客周"得以推行的初衷。一种专注的、短时间的创意思维，这是许多公司都曾尝试推行过的。但在这里分享一下推特黑客周的经历或许是值得的，因为这是该公司结构中根深蒂固的东西。"推特本就诞生于黑客周，"创始人比兹·斯通告诉我："所以我们每年都会举办它，这非常重要，因为这是我们文化的一部分，也是我们 DNA 的一部分。"说推特是黑客周的产物并不夸张。

"推特本就诞生于黑客周"

2006 年，埃文·威廉姆斯将其创办的 Blogger 卖给了谷歌。比兹·斯通当时也是 Blogger 的创始团队之一，后与埃文又成立了一家名为 Odeo 的新公司，并聘请了杰克·多西。Odeo 在第一代音乐播放器 iPod 中看到了商机，由此发明了播客平台，可以发布语音，而之前的 Blogger 只能发布文本。

Odeo 公司的一切项目都在有序发展，直到某天早上苹果公司宣布他们计划在 iTunes 中接入播客。Odeo 公司瞬间失去了存在的意义。创始人和员工都很沮丧。似乎再也找不到与公司继续奋斗下去的理由。但首席执行官埃文·威廉姆斯并不服输。他宣布，骨干团队将继续运营 Odeo 公司。据比兹说，埃文当时还"建议举行黑客马拉松，主要是为了给团队鼓舞士气"。

"我们将结对合作，"比兹回忆着埃文的话，"大家有两个星期的时间来搞自主发明。"对于大家具体能做什么，埃文未作任何限制。

与此同时，比兹和开发人员杰克·多西则一起埋头研发"简单而优雅的东西"。他们在聊天时谈到，美国在线即时通信的状态栏让他们印象深刻。于是他们设想，假如创建一个基于文本的服务，能让人们发送简短的状态更新，以便其他人知道他们在做什么，那会是怎样一种情形？一番思考之后，推特诞生了。所以说推特公司挚爱黑客周便不足为奇了。

比兹向我解释说，如今的黑客周是以某些基本原则为指导的。首先，为了避免人们的思维过于发散，每周都会有一个主题。一旦宣布主题，团队便开始以一种构建部落的方式进行自我组织，并适时引入盟友和助手。"他们会这样说：'这就是我的黑客，我们需要 iOS 开发人员和后端工程师，'"比兹说，"而假如你没有自己的团队，你可以加入别人的团队。大家会提出很多出色的项目方案，然后这一周人们就专心研究黑客。"

工程师、设计师和销售员都是在想象中前行的人。他们从未想到过的念头很有可能就会变成现实。"我从 2002 年起就有了最新的黑客创意，"比兹告诉我，"后来我终于想到如何将其植入推特了。因为我认为，单单只有这个创意并没有任何依附力，或者说它永远无法作为一个独立的应用程序运行。但假如将其植入数亿人每天在使用的应用程序的话……这不就成了嘛！"

推特每年都会举办两次黑客周活动，举办时间通常是在刚过完新年时（那周人们无精打采，还在想方设法让自己收心）和员工休暑假之前。黑客周启动后，所有的例会都会停止，一对一的交流也会被取消。等到周五，人们便聚在一起，像庆祝狂欢节一样庆祝这一周收获的各种创意，并对同事们的见识、魄力和独创精神予以肯定。

由于推特内部总会有一些紧急的事情需要处理，所以有时候也会取消黑客周。但正如我们自欺欺人说的那样，"如果牺牲午休时间，我们会更有效率"，所以取消黑客周实际上是一种错误的节约时间的方式。通过散焦、切换问题、让自己适时分分心，我们能让思绪有足够的时间得以放飞，当然这种放飞时间也不能太长，否则大脑会漫无目地地游荡，通过以上这些方式，我们反而能产生全新的创意，同时它们给我们的日常工作带来一种新鲜感。

黑客周的力量不仅仅在于为我们的重复性工作带来调剂和创造力。日常工作的中断当然会促使我们的思维模式出现创新和革新，但最重要的是，就像"周五晚上的实验"一样，黑客周常常会造就创造辉煌的时刻。推特的几十个非常显著的项目改进都是黑客周带来的直接成果，如"推特时刻"、主题帖会话、关于关注的最佳建议、应对谩骂的妙招、下载自己的博客档案的功能。除了这些之外，还有数十个外界永远不会注意到的小调整：对应用程序用户界面的微调、优化后的销售报告电子表和针对 Excel 推出的便捷的新宏（macros，宏指令）。

正如丹·平克向我们展示的那样，留出时间进行创新，创新才更有可能实现。每天用 10% 或 20% 的时间创新根本不实际，但每六个月留出一周，甚至一两天来创新，显然是可以实现的，而且其创造的结果可能非同寻常。

制订一项每两个月举行一次的黑客周或黑客日计划。思考一下它可能会是什么样子，然后再修改计划。

为自己设定一些切合实际的目标。别指望能生产出像新一代苹果手机那样的产品，但要把注意力散焦视为一种能刷新每个人的日常工作状态的方式。

在黑客周或黑客日结束后进行全面回顾总结：下次还可以做些什么改进？

激情 6

禁止在会议上使用手机

仅一年多时间，苏珊·福勒便从以工程师身份进入世界上最炙手可热的初创企业的巅峰时刻，跌落到理想破灭的人生低谷。她在2017年2月的一篇博客中披露的一些问题，在其优步职业生涯的早期就已显现。入职培训后，她进入了一个专业对口的团队。但她几乎第一时间就发现，自己无法接受经理通过公司即时通信系统发来的一连串的信息，经理对她说，自己目前单身，"很想找个女人做爱"。

这已经够糟了。然而，接下来发生的情况更是雪上加霜。当福勒向人力资源部报告这个伪君子对她的性骚扰时，她却被告知她的经理一向行为记录良好，这次是他初犯。接着她又被告知，她可以就此调到一个专业不太对口的团队，也可以选择留在原地，坐等老板"在业绩考核的时候给你差评"。这是一个骇人的选择。从专业角度来说，换团队没有意义，但若仍然留在原地，自己又根本不可能面对。但最终，两害相权取其轻，她还是决定换团队。

没过多久，她在午餐时间的闲聊中听说，这已不是她的经理第一次这样做了。不久之后，她又听说另一个老板也行为不当，但同样地，她那被侵犯的同事也被告知这是"初犯"。福勒本人也在那一年中进一步遭受了各种小侵犯，尤其是经理们威胁她说，如果她向人力资源部报告任何事情，她将被解雇。她很快意识到，整个优步文化都已中毒："在高级管理层内部，有一场现实版的'权力的游戏'正在肆虐……似乎每个管理者都在与对手争斗，并试图弱化他们的直接主管，以便自己取而代之。"她回忆说，在一次会议上，"有位主管向我们的团队吹嘘说，他截留了一位高管的关键业务信息，以便去讨好其他的高管们"。

到 2016 年年底，福勒彻底受够了。她离开优步，换了份工作。业余时间，她以博客的形式写下了自己的经历，后来她决定于 2017 年 2 月 19 日出版这些内容，结果影响巨大。四个月后，优步首席执行官辞职。这很大程度上是由福勒的博客引发的风暴。苏珊·福勒作为当年 #MeToo 反性侵运动的代表之一获得了当年《时代》杂志的年度人物奖。她还赢得了英国《金融时报》颁发的同样荣誉。

与此同时，优步的困境还在继续。在辞职前，首席执行官特拉维斯·卡兰尼克曾被拍到在镜头前诋毁一名司机，优步员工也被曝光利用客户信息跟踪碧昂丝等名人搭车。就福勒自身而言，她说有人花钱请了一位私家侦探联系她的朋友和家人，想让她名誉扫地。

正是在这种白热化的气氛下，哈佛商学院教授弗朗西斯·弗雷应邀担任了优步高管，重建优步的文化。显然，这里面还有很多事情要解决。但在弗雷看来，她的首要任务是建立一种信任纽带，无论是在管理层内部，还是在客户外部。

重构优步文化，从开会时丢开手机开始

"建立良好声誉需要很多善行，而毁掉声誉只需一件坏事。"美国国父本杰明·富兰克林曾说过这样一句话。而重建声誉同样也很难实现。弗雷的观点是，重建需要三样东西：可靠、逻辑严谨和感同身受。"如果你觉得我可靠，"她争辩道，"你就更可能相信我。如果你觉得我的逻辑很严谨，你就更可能相信我。如果你相信我与你感同身受，你就更可能相信我。"

说得很好，但如何付诸实践呢？有趣的是，弗雷走的第一步就是不鼓励在开会讨论时使用手机和笔记本电脑。我此前已经讨论过在会议期间发送电子邮件的危害了。很简单，那样做会引起极大的分心。最近有个实验就是要求人们在做测试之前，把手机正面朝下放在面前，或者放在包里，再或者把手机放在另一个房间。结果研究人员发现，那些把手机放在另一个房间里的人表现得更好。

这一实验的首席研究员解释道："你意识里不是在想你的智能手机，你只是在要求自己，不去考虑某些消耗你有限认知资源的事情。这是一种脑力损耗。"当然，那是人们无意使用手机的时候。当我们的注意力在屏幕和房间里真实的人之间切换时，"有限的认知资源"的损耗无疑明显得多。顺便说一句，另有其他研究表明，在会议或演讲中用手记笔记比用笔记本电脑更有效，因为用手记笔记时思考多、缩写多，而用键盘时思考少、照抄多。

我已经讨论过由手机引起的分心的危害，但对优步的弗雷来说，限制使用这些设备还有另外一个更紧迫、更直接的原因。在当时乌

烟瘴气的优步，有些人会在开会时就相互发信息诋毁会议室里的其他人。用电子设备侮辱他人的做法已经渗入了公司文化当中。所以她觉得，自己迫切需要做的是，丢开那些设备，鼓励人们彼此正确地交流。只有实现这一步，才真正有可能开诚布公地对话和交换意见，并在此基础上逐渐重建共鸣和信任。

"假如你没别的事，"她说，"就把手机收起来。手机是迄今为止制造出的最大的干扰磁铁，当你捧着它时，你要与别人产生共鸣和信任是极其困难的。"除了优步员工忙着相互抱怨诋毁之外，这种干扰的存在也降低了办公室人际关系的质量。

那些经常外出办公的人可能会觉得这个建议对他们没有特别的帮助，因为设备只是他们相互联系的手段。但我们还是值得花一点时间，来关注一下那些常规使用远程办公人员的组织所面临的特殊挑战。

打个 5 分钟电话，关心远程工作者

联合国在 2017 年的一份报告中特别提到，25％的办公室工作人员表示工作有压力，但报告同时指出，在远程办公人员中，这一比例还要高得多，为 41％。朝九晚五的办公室一族可能会错误地认为，远程办公的同事每天都在平静安宁的环境中工作，每天都处于没有干扰的"深度工作"状态，但事实上，远程工作者更容易感到孤立和孤独。据商业作家大卫·麦克斯菲尔德和约瑟夫·格雷尼发表在《哈佛商业评论》上的一篇研究文章显示，远程工作者还普遍容易担心同事们会对自己作负面评价。

如果面对面，我们必须把设备收起来。如果进行远程交互，我们必须找到能够优化人际交互的连接方式。许多组织都试图通过长时间的电话或视频会议，来连接身处不同地区的群体。任何经历过这些的人都知道，独自一人机械地阅读PPT演示文稿，即便是参与积极性再高的人也会开小差。如果说达到一定程度的同步对那些不得不长期分居两地的夫妇是有效的，那么腾出时间做些小范围的交流和随意性的聊天，也能为处于不同基地的团队带来回报。

在我看来，这使得弗雷寻求信任关系的方法更具说服力，也更适合远程工作者。根据马克斯菲尔德和格雷尼的研究，远程工作者"认为在自己的工作环境中，办公室政治更为普遍和复杂，一旦出现冲突，自己更难解决"。他们的研究结果证明，如果我们要在工作中实现真正的同步，相互交谈而不受干扰是多么的重要。

Humanyze公司首席执行官本·瓦贝尔曾告诉我，即使是在旅行期间，他也会特意拿起电话与所有直接下属进行5分钟的交谈。我的老领导，推特公司的亚当·贝恩也曾这样与我交谈过：他曾从8 000英里外打电话问我今天过得怎么样。与人保持联系所能激发的能量大得惊人，哪怕有时大家只是随便聊聊天。

人们在会议上看手机并非出于恶意，而是因为很多会议太过单调乏味，简直浪费生命。除非我们能找到更好的开会方式，否则与会者不太可能接受禁止使用电话的规定。但如果每个人都想达到如此重要的心理安全状态，那么以人为本地建立联系至关重要。无论是以集中的面对面会议，或是以友好的电话聊天的形式，适当的人际接触是激发职场激情的唯一途径。

将会议改为面对面的互动交流。

不要分心，比如玩手机。它们会干扰我们的注意力，还会削弱团队彼此间的信任。

想办法关爱远程工作者。每个人都需要通过同步来建立信任、打造归属感，尤其是当他们身处外地的时候。

激情 7

拥抱多元化

美国的社交聚会"兄弟会"因酗酒、社交频繁和对女性令人不快的态度而声名狼藉。不管这是否属实，他们肯定有强烈的、近乎部落的群体认同感和归属感。他们的组成方式首先是自愿选择，然后还需得到团队批准。人们必须相信自己会融入其中，然后证明自己确实已融入其中。正因如此，他们的文化往往非常同质化。这就是所谓的物以类聚。

所有这一切显然让兄弟会的普通成员生活得更舒适。跟与自己性情相似且三观一致的人的确很好相处。但缺乏多样性是否也会有不力之处？这正是某个研究小组决定测试的问题。于是他们以分析谋杀成谜的案例的形式对兄弟会的成员进行了测试。首先，每个学生都要花 20 分钟单独研究证据卷宗。随后，研究小组让其兄弟会小组的另外两名成员也加入，大家共同进行 20 分钟的讨论。之后每隔 5 分钟，其兄弟会的另一个成员或者某个他们之前并不相识的人，会被带进来帮助他们一起讨论。

结果非常明确。相比于外人参与小组，那些完全由来自同一个兄弟会的人组成的小组在测试过程中表现得更加愉悦。他们对最终得出的结论也更加自信。但这个测试过程中只有一个问题，即有外人参与的小组在整个测试过程中回答问题的正确率为 60%，而兄弟会小组正确率只有 29%，成绩仅为前者的一半。

这是一个来自团队多元化的挑战。这一挑战让人感觉并不总是那么容易。带一支凡事只需遵循我们建立的所谓"规范"的团队，显然要简单直接得多，但这很危险。事实上，只有不同的观点的介入，才能打破我们常常因偷懒而自责的趋同思维。

多元化团队讨论得更加彻底

这是心理学家萨姆·萨默斯在着手研究种族多元化对陪审团决议的影响时发现的。在一个实验中，他从几百名参与者中选了一些人组成模拟陪审团，每个陪审团由 6 名成员组成。有的全是白人，有的由 4 个白人和 2 个黑人陪审员混合组成。随后，每个模拟陪审团都观看了一段对一名被控性侵的黑人被告的审判视频。在与其他陪审员讨论之前，混合陪审团认为被告有罪的可能性便比全白人陪审团低 10%。这也许并不特别令人惊讶。

正如萨默斯解释的那样，混合陪审团的成员更容易意识到可能存在的种族偏见的危险。但令人惊喜的是，在开启讨论后，混合陪审团对案件的讨论也更加彻底。他们比白人陪审团平均多花了 11 分钟讨论这个案子，且整个过程中，他们在筛选证据时犯的错误也更少。

多元化显然不仅仅是指获得不同的观点，它有多种衡量形式：社会背景、性别、性取向、政治立场和种族划分。但如果要纯粹从狭义的、实际的、商业的角度说哪个能创造最好的结果，我会告诉你，那些由不同背景的员工组成的公司在这方面往往会表现得更好。

员工多元化给企业带来高出行业水平的收益

麦肯锡在 2015 年进行的一项严谨的调查中发现，种族和性别多元化均排名前 25% 的公司，其各部门财务收益均高于行业平均水平，这两者存在着一定的关联性。而从单项的数据来看，这一联系更是令人印象深刻，种族多元化排名前 25% 的公司，其各部门财务收益比行业平均水平高出 35%；性别多元化排名前 25% 的公司，其各部门财务收益比行业平均水平高出 15%。

当然，这里的关联关系并不等同于因果关系。因为这也可能是因为最优秀的员工喜欢在多元化的公司工作，而不是多元化创造了最好的结果。但基本的事实是，不同观点的融合可以让我们作出更为合理的决策，这一点似乎不容置疑。

实现不同背景、不同观点的人之间的平衡具有挑战性。人类有部落化的倾向，这就好比谁都会讨论自己或别人曾见过的一群老外一样。这些老外可能已离开自己成长的国家，但他们还是会常常花时间与来自祖国的同胞聚在一起。跟与自己一样的人待在一起更舒适。大家有相同的文化参照点，还常常有相同的观点和幽默感，相处起来丝毫不费劲。

　　这不是什么新鲜事。但认同与不同于自己的人交往也有好处这一观点，也已不是什么新鲜事。早在 1848 年，哲学家约翰·斯图尔特·密尔就写道："很难说……让人们与不同于自己种族的人，或者思维和行为模式有别于自己的人接触，意义究竟有多大……但这种交流一直是进步的主要源泉之一，在当今时代尤为如此。"

不要选择与你自己的相似的团队成员。那样最终会导致趋同思维。

记住，最优秀的企业追求的是尽可能多的不同背景的员工。世界不是同质的。企业也不应如此。

试试向其他部门或团队的成员进行调研，你也许会得到更多不同的新观点。

激情 8

放弃 PPT 演示，先"默读"再共同讨论

"我们试图建立的团队，不得超过刚好分完两个比萨的人数。我们称之为两个比萨团队原则。"亚马逊创始人杰夫·贝佐斯说。我很好奇有谁会愿意听他讲完这一点。我们都知道，两个比萨刚够两个人吃。我们也知道，高效的团队最多可以包含 8 ～ 9 个成员。如果贝佐斯称之为"八个比萨团队原则"，那还稍微靠谱些。可两个比萨算怎么回事？

但贝佐斯还做了一些事情，我认为这些事绝对值得我们考虑：在亚马逊，每次会议开始时大家都会保持沉默，因为每个与会者都会阅读一份专门为随后的讨论准备的文件。

亚马逊会前的"默读"仪式

"我们在亚马逊不做 PPT 演示文稿，"贝佐斯在写给股东的一封信中称，"我们会编写具备叙述性结构的 6 页备忘录。它包含实实在

在的句子、动词和名词，而不仅仅是符号要点。"

贝佐斯解释说，备忘录通常需要几天甚至几周时间才能写出来："一两天时间根本都做不到。"

备忘录从不提前分发：贝佐斯认为，如果提前分发，因为人们必定会忽略不看，然后在会议上装腔作势，或者可能会尴尬得说不出话。

"我们会在会议上默念备忘录，"他说，"就像在自习室。每个人围坐在桌子旁，静静地阅读，通常大约半小时，或是不管读完文档需要多长时间。然后我们再开始讨论。"

在某种程度上，这听起来很可怕。我们好像突然间回到了学校，坐在考场里，被身边的学霸弄得焦躁不安，当我们还紧张地停留在第一页时，旁边的人已伸出手来要加答题纸了。但仅仅因为一起阅读的想法实施起来可能有点尴尬而加以拒绝，并不能真正解决如何高效开会的问题。

事实上，关于默读法，有一个令人信服的实际案例。会议上的大型演示都是虚张声势、夸大其词，一堆的粗体字。议程驱动型的会议有利于那些讲话最自信的人，但不一定有利于那些最内行的人。备忘录可能只是一页纸的事实描述，但经过我们花时间阅读和研究之后，它们就会变得鲜活起来，此时我们便可展开讨论。

我们看着亚马逊的出色表现，很难不相信正是这种方法所代表和推动的深思熟虑的文化，帮助他们在过去 15 年里作出了如此多的精明决策。

交流机会越平等，团队的集体智慧越高

几年前，来自卡内基梅隆大学、麻省理工学院和联合学院的一个团队开始尝试验证一起开会的一群人能否展现出重大的"集体智慧"。他们构建了一个实地试验，将近 700 人分成了多个小组，并让他们解决一系列不同的问题。

研究团队提供的每道题都会以标准化的方式来测量参与者的不同思维模式。有些挑战的是创造力，如"列举你能想到的该物件的不同用途"有些是逻辑问题，如你只能开车跑规定的里程数，据此规划一次购物之旅"有些是谈判话题。结果团队获得了两个重要发现。

首先，那些在某项任务上表现出色的小组，往往在所有任务上都表现出色，反之亦然，差劲的小组在任何任务上都表现得很差劲。其次，个人的智力水平对每个团队的表现没有直接影响。你的团队中可能有个聪明过人的成员，但这本身并不能保证团队的整体成功。

不过，重要的是团队成员如何对待彼此。不成功的团队往往会由一两个强势的成员把控。而成功团队的特点便是民主：每个人说话的时间都大致相等。或者用研究人员的话说，他们"在说话时间上分配均等"。

"只要每个人都有机会说话，"首席研究员阿妮塔·威廉姆斯·伍利说，"团队就会表现得很好。而如果只有一个人或一小群人在一直说话，集体智慧就会下降……交流机会越平等，团队的集体智慧越高，因为你可以听到每个人的想法，假如团队全员都有参与，我们就可以收获到每个人的信息、输入和努力。"

　　这些成功的团队展现出了高度的"社交敏感性"。换句话说，他们的成员善于阅读他人对所谈内容的非言语反应，能够判断人们在想什么，并相应地调整他们的行为。不会有某些超自信的团队成员专横跋扈地评判他人，其所谓的拥护者们也不会因此害怕发言而让团队错失很多好的想法。

　　在这次试验中，研究团队用来评估个体"社会敏感性"的一种方法，是一项最初用于筛查孤独症患者的测试。人们通常很难从那些患有孤独症的人的面部线索中看出他们的内心感受。因此，临床心理学家西蒙·拜伦·科恩设计了"眼神读心"测试，他向测试者展示了 30 张 20 世纪 90 年代杂志上刊登的人物照片，要求他们试着评价每张照片上的人物的情绪状态。你可以自行尝试在网上完成整个测试，也可以在图 3 中做个局部测试。针对每一题，从图片旁边的 4 个词语中选出一个你认为最能描述图片中人物眼神所表达的情感的词。正确答案请参阅下面的脚注。

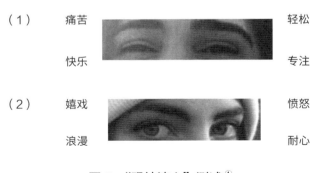

（1）痛苦　　　　　　　　　轻松

　　　快乐　　　　　　　　　专注

（2）嬉戏　　　　　　　　　愤怒

　　　浪漫　　　　　　　　　耐心

图 3　"眼神读心"测试 [①]

---

① 答案：（1）快乐；（2）愤怒。

当威廉姆斯·伍利及其同事让志愿者们在她们的实验中做这个测试时，她们发现，对每幅图片所显示的情绪的直觉判断能力，与成为集体智慧的良好贡献者密切相关。"这是一种来自认知心理学传统的东西，即理解他人的观点、预测他人对某件事情的反应、理解他们基于微妙线索的思维或感觉的综合能力。"她对我说。

女性占多数时团队参与度最高

同样值得注意的是，女性的直觉能力比男性强。因此，在集体智慧测试中，通常情况下，集体智慧水平最高的群体是那些包含相当比例的女性的团队，其中女性占一半以上的团队得分尤其高。女性占少数时，她们往往会被挤出团队讨论之外："只有当女性占多数时，大多数女性才会作出更多的贡献。"威廉姆斯·伍利告诉我："男性即便不再占多数，他们也仍能继续贡献不少力量。所以当你的团队性别多元化并更多地向女性倾斜时，团队的参与度最高。"

有趣的是，这些察言观色的技巧在网上识别和面对面的交流中效果一致。威廉姆斯·伍利说："无论是线上还是线下，有些团队的工作方式总是比其他团队更聪明。更令人惊讶的是，对于一个聪明的团队来说，无论其互动方式如何，最重要的因素始终不会变，即成员们沟通频繁、参与平等、拥有良好的情绪阅读技能。"你可能已经注意到，有些团队似乎就是比其他团队更具活力、更能互动：他们都会带着想法而来；他们彼此相处非常舒服，甚至可以替对方说出对方没有说完的话。

在威廉姆斯·伍利看来，这样的团队已经取得了她所说的创造性贡献的"井喷"。所有人都有所贡献；所有人都知道自己的贡献会受到欢迎；所有人都处于积极情绪状态并有心理安全感。这是一种真正的激情。

那么贝佐斯的会前沉默给了我们什么启示？你看，通过取消PPT演示文稿和传统议程驱动式的开会方式，人们哗众取宠的可能性不复存在，大家都获得了一段反思和深思熟虑的时间，工作环境趋于公平。他导入了安妮塔·威廉姆斯·伍利和她的同事们发现的那种有序时间分配模式，极大地推动了集体智慧。好的会议应该能让每个人都参与进来，每个人都应该做好准备，有信心作出贡献。如果那些理想条件已经存在，但仍有人没有作出贡献的话，那么，也许他们本就不该出席那个特别的会议。

会议上的决策和解决问题的动力是参与讨论。那些没有达到这一目标的会议可能不值得举行。

试试运用"默读"开启会议。一开始这很痛苦，所以你必须准备好坚持一段时间，然后再确定它是否对你有用。

避免一言堂的会议。

交流机会越平等，团队的集体智慧越高。

所有人都有所贡献；所有人都知道自己的贡献会受到欢迎；所有人都处于积极情绪状态并有心理安全感。这是一种真正的激情。

激情 9

进行"事前检验"

1935 年 10 月 30 日，波音公司向美国军方自豪地展示了被称为"空中堡垒"的 B-17 轰炸机。它的航程是以往轰炸机的 2 倍，速度更快，携带炸弹的能力也是军方要求的 5 倍。在计划已久的试飞日，这架闪亮的新飞机沿着跑道飞驰而来。完美起飞！但随后几秒内，它突然失去了动力，只见它在半空中倾斜而下，坠入机场，而后机身迅速起火。飞行员和机上另外一人受伤身亡。副驾驶和另外两名机组人员不得不从燃烧的残骸中被拖出，才幸免于难。

人们在随后的调查中发现，这架飞机实际上一直处于完美的工作状态。而导致这场事故的真正罪魁祸首，是人为失误，即飞行员彼得·希尔忘了打开飞机的阵风锁。但人们最终判定，他的错误还得归咎于飞机设计的内在复杂性上。

事实上，有人认为，考虑到人类记忆的局限性，B-17 轰炸机实在是"太过复杂"。尽管如此，开发工作仍然继续进行了下去，且其最终在两年后投入了使用。它在第二次世界大战中证明了它的价值，其共计在空中飞行了 200 万英里。

最终是一个非常简单的创新确保了 B-17 不再遭受灾难：一份飞行前的任务清单，它必须被机组人员在准备出发时逐条检查勾选。当然，如今这样的清单已应用在了各个地方。现今，每个美国战斗机飞行员的裤腿口袋里都有一张清单，上面详细写着如果出了问题他们应该怎么做。

化繁为简的精准检查工具

事实上，在现在的生活中，几乎没有一个涉及某种程度的复杂性的领域是不会配备相应的清单的。这是有道理的。如果大脑被过多的信息占据，我们就无法处理别人对我们的要求。在这种时刻，有一套简单的要点以资参考、帮助我们理清思路，对我们意义巨大。我们之前需要通过工作记忆拼命应对的一团乱麻，变成了一份只需照章执行的行动列表。

检查清单还有一个优点，即它将任务排成了简单的列表，这样随意的可能性就小了很多。一方面它让人们明确了要做的工作；另一方面，人们也不必再为谁来分配角色以及该以何种顺序开展工作而争吵了。还有证据表明，在航空和手术室等领域，使用检查清单不仅减少了错误和遗漏项的数量，而且还减少了团队成员被发现在闲逛时受到指责的概率。团队成员不会觉得自己是受人评判的，工作人员和管理人员之间的分歧也得以缩小，因而有助于缓解团队中最常见的导致功能障碍一个因素。

检查清单显然也未必适用于任何情况，但我们还有一个叫作事前检验的简单工具，其可以在不适用勾选检查的场合，提供与检查清单带来的相同程度的效率和心理安全。譬如我们都熟悉的尸检概念。一具面色苍白的尸体被从湖里捞出来，他的耳垂上有个明显的痕迹，这表明"耳垂杀手"再次出现了；我们的主人公来到停尸房，看着尸体被一个近乎精神变态、嘴里念着刻薄话的停尸房侍者从一个奇怪的抽屉里拉出。做尸检的过程也同样令人不快，而且每次内容也大同小异：确定发生了什么以及哪儿出了问题。

商业活动中的事前检验工作更具建设性。它们并非是让我们为那些已经搞砸、无力回天的事情再去绞尽脑汁，而是让我们想象某些事态可能的发展方向，并做相应计划。例如，团队成员可能会被要求写下一份清单，列出某个项目在接下来的一年中可能出现的问题及其原因。和检查清单一样，这里也不涉及责备，人们只会被要求做些预测。在这种情况下，人们可以将自己置于一种不相关的未来状态，因此他们可以直言不讳地谈论自己的恐惧，从而精准找到潜在的困难和挑战，且不必担心被指责或被视为消极。

尽管事前检验看似非常简单，但它却已被证明是一个非常强大的工具。沃顿商学院的黛博拉·米切尔和她的同事们对此进行了调查，她们发现，只是问一句"这个计划可能会出什么问题？"便让预测结果提升了30%。一家《财富》500强公司合理地推测出，在他们那位有名无实的首席执行官退休后，公司价值数十亿美元的环境可持续性项目可能会失败。另外一家公司则意识到，政府机构政策的某项改变很可能会危害一家新创企业的商业经营。

鼓励提问，创造一种宝贵的好奇心文化

事前检验成功的关键在于一种保持好奇心的文化。不幸的是，这是一种在现代职场非常稀缺的东西。

哈佛商学院的弗朗西斯卡·吉诺在一项涉及多个行业的调查中发现，这些行业中有 70% 的员工认为，他们在工作中提出问题时遇到了障碍。她说，员工感觉遇到障碍的部分原因是，老板们担心，如果他们允许员工探索自己的兴趣，那么团队纪律便会崩溃；而另外一部分原因是，老板们看重效率而不是探索。然而，正如吉诺所说，好奇心是非常重要的："当我们的好奇心被激发时，就不太可能受确认偏差的影响（寻找支撑我们观点的信息，而不是寻找证明我们错误的证据）。"

此外，正如现就职于欧洲工商管理学院的斯宾塞·哈里森和他的合作者在研究呼叫中心的高员工流动环境时发现的那样：好奇心，能非常轻松地帮助我们把工作做得更好。他对 10 家不同公司的新进员工进行的调查发现，具有探索精神的员工能从同事那里获得更多有用的信息，在处理客户问题方面也明显更加出色。因此，在吉诺调查的 3 000 人中，有 92% 的人认为对事物好奇的团队成员才会最终贡献创意，这也就不足为奇了。

不仅是职场中的好奇心非常少见，还有证据表明，就个人而言，好奇心也会随着时间的推移而下降。吉诺在研究过程中，观察了 250 名最近刚开始新工作的人，发现他们的好奇心在头六个月下降了 20% 以上：他们渐渐忙得连提问的时间都没有了。

因此，创造一种好奇文化，改善事前检验效果，需要开展大量的工作。但这不是一件困难或有挑战性的工作。企业只需鼓励和奖励那些提出问题的人。

培养一种崇尚好奇心和提问的文化，员工的创新能力将大幅提高。

我在出版公司 Emap 工作时，谦逊的首席执行官罗宾·米勒爵士曾经常从一个办公室走到另一个办公室，然后拉把凳子坐到某个毫无思想准备的员工的办公桌旁，随意问问他们在做什么。类似地，吉诺发现，她连续 4 周用十几个字的短信提示员工思考"今天你好奇的问题是什么"后，员工在工作中展现创新行为方面的得分大幅提高。另一个途径是采用我之前概述的学习方法（见激情 4），即把个人问题变成大家的问题，然后鼓励整个团队共同去解决它。

如果你想和人们就某个项目进行一次坦诚的交流，即一次他们畅所欲言而不必担心后果的对话，那么，事前检验可能是一种非常有用的方法。而如果你能培养一种崇尚好奇心和提问的文化，那么你的事前检验工作将变得更有成效。

无论何时，当你面临一项复杂的或涉及不同阶段的紧急任务时，都要起草一份检查清单。它会给你一种安全感，也将确保你的任务的关键元素不会被忽视。

假如你正在做某件复杂的工作，这件工作涉及几个星期或几个月而不是几天才能完成的不同阶段，那么请考虑做个事前检验。至少，它会让你产生一些有用的想法。最好的情况下，在你跳下飞机之前，它能为你提供有力的最后回头一瞥。

激情 10

放松，再次笑起来！

写到这里，我希望你已经对如何让工作变得更加愉快、更有成效的方法有了清晰的概念了。

首先是第一部分简单的充能方式，任何人都可用它们尝试恢复自己的能量、热情和创造力。

其次，我们可以采取同步篇的一些策略，帮助整个团队更好地开展工作，增强协作能力，打造集体智慧，直至实现同步。

最后，既然我们发现团队协同比单独作战更有成效，我们便可以寻求达到积极情绪和心理安全的状态。在这种状态下，团队会真正开始变得优秀，因为他们进入了我所说的激情状态。

但在"激情拼图"上尚有一块我还未谈及。在解释如何实现同步的过程中，我曾说过，笑能把我们彼此联系起来，紧密团结，练就韧劲，建立信任，开发想象。而接下来，我想对笑如何在点燃激情状态过程中起到关键作用进行更多探索。

我们总在职场扮演着"另一个自己"

　　我们似乎总是燃不起激情，其原因之一，就是我们不善于做真实的自己。小时候，我们可能会受到母亲的影响：她只要一接电话，就变得八面玲珑。成长至青少年后，我们开始有意识地进行自我形象塑造，以便给人更好的印象，而不被人看扁。之后，作为严肃工作环境中的严肃的成年人，我们渴望给别人留下正统的印象，因此正如哈佛商学院的艾米·埃德蒙森教授指出的那样，我们谨言慎行，只为向他人展示自己的良好形象。

　　这不仅仅是因为我们知道，如果像在家里那样在公司短会上毫无顾忌地大声打嗝，我们的职业生涯肯定走不了多远。还因为我们非常清楚绩效评估、分级评价、没完没了的电子邮件、会议和被评判的多重挑战，于是我们不得不调整自己的行为，以免引起太多的关注。在这个过程中，我们的个性被磨圆，棱角被去除，就像我们的母亲通过拿捏打电话的声音以避免别人作草率的评判一样，我们也选择扮演一种自认为老板和同事想要的那种工作角色。在家里，我们就是我们自己，穿着慢跑裤和邋遢的 T 恤。在工作场所，我们则是另一个人。

"搞笑"的赛艇队员帮助团队赢得了无比残酷的比赛

　　就职于剑桥大学贾奇商学院的人类学学者马克·德隆德，花了几周甚至几个月的时间与不同团队朝夕相处，通过这种方式，他最终得以对打造出色团队合作的条件有了一个非常准确的概念。而也正是他与 2007 年剑桥赛艇对抗赛冠军团队的合作，让大家深刻意识到了笑对于打造团队间互信的巨大能量。

赛艇是一项需要周密分析的运动。比如，每个桨手的能力都需根据他们的力量、耐力、最大强度以及在真刀真枪的测试中的表现来衡量。但这项运动同样也涉及心理因素。德隆德注意到，准桨手们在争夺桨位时沉迷于心理战。合作精神对出战阵容可能是至关重要的，但随着队员们通过竞争被一一选出，德隆德发现，他们的表现非常像"精于算计的个体"。

事后德隆德告诉我："让这艘赛艇夺冠的不是那最优秀的六名桨手。"为了全新打造一支参加 2007 年对抗赛的桨手队伍，团队决定忽略教练的建议，兵出险招：他"技术不是最好"，在德隆德看来，但他"绝对很搞笑"。而正是因为这名桨手的有趣，才帮助团队在无比残酷的形势下实现了队友间的团结和互信。

我们很难说后来发生的事情是否跟该队员灌输心理安全和积极情绪的能力有关，但在 2007 年赛艇对抗赛前 10 天，队员们自信满满地作出了一个激进的决定，那是有违赛事准备规范流程、令人咋舌的举动。

他们的团队刚刚垂头丧气地输掉了一场与莫莱西赛艇俱乐部的比赛。他们迅速总结后认为，他们需要改变周围的一切。经过坦率的讨论，他们决定让舵手拉斯·格伦离开，然后任命一位替代者。在这个过程中，实际上他们又一次越过了教练。然而过了不到两周，新任舵手丽贝卡·道比金带领剑桥赛艇队赢得了近三年来的第一场胜利。

把发生的这一切拆开来看，也许这一过程并不那么一帆风顺。但我认为，毫无疑问，正是这位"搞笑"的赛艇队成员所传播的积极情绪，帮助团队建立了一种强大的心理安全感，使队员们敢于讲出之前不敢讲的话、作出之前不敢作的决定，他们变得能够进行艰难的谈判，作出激进的决定。事实胜于雄辩。

放松一笑，创造好心情和好想法的集体"井喷"

如果说剑桥赛艇运动的例子说明了幽默和积极情绪之间的直接联系，以及幽默和心理安全之间的间接联系，那么牛津大学和伦敦大学学院的一个学术团队已经证明，后两者之间也可以有一种直接的联系。组成这一学术团队的成员罗宾·邓巴、布赖恩·帕金森和艾伦·格雷对笑声是否会影响人们的合作意愿很感兴趣。

正如我之前所说，人们通常不会把笑和工作场所挂上钩。孩子们一天笑几百次，而成年人却只会笑几回，这种说法让我们认为成年人必须得更严肃。原因不难理解，我们不想在工作时遭到评判或否定，所以我们不想放松警惕。我们不放松。我们当然也笑不起来。

邓巴和他的团队进行了一次让人们四人一组观看喜剧片段的实验。在观看了戏剧演员迈克尔·麦金泰尔的特辑片段后，每个人都被要求为他们的观影同伴写一段自己对这些片段的描述："这样他们就能更好地了解你。"研究人员依据写作者描述自身的坦诚程度给每个描述进行了打分。得高分的描述开头是这样的："1 月我在跳钢管舞时摔断了锁骨"或"我现在生活在肮脏的环境中（和老鼠一起）"。

研究人员发现，那些一起笑过的实验组比那些忍住没笑的实验对照组更容易互相分享私密的细节，更接近真实的自我。

"其中有一个生理学上的原因：研究人员认为，欢乐状态比中性状态更能促使人们分享私密话题的一个可能原因是，笑的频率越高，内啡肽的活性就越高……而内啡肽的类鸦片效应会使人们对他们所交流的内容更加放松。"他们接着解释道，"内啡肽会降低人们对自我的注意力，从而促进外界互动；它也会减轻人们对披露过多信息或给人'怪异'或讨厌的印象的担忧，反过来促进彼此的亲密举动。"因此，笑的时候，我们愿意向别人展示最真实的自我，对别人的怪癖也更加包容。

为什么从工作的角度来看这很重要？那是因为，当团队感到放松并且能笑的时候，他们似乎更容易达到积极情绪的集体"井喷"。他们不再担心自己或自己的想法可能会被其他人否定、提出的某个建议会受到某种冷遇，就如我们提议明年的圣诞节或许可以换个过法时家里人的反应那样。在第三部分的导读当中，我举出了艾米·埃德蒙森的手术室研究的案例，当时就曾描述到几个护士在向吓人的外科医生提建议时是多么的紧张。人在缺乏心理安全感的时候，的确就"歇菜了"。

笑创造了一个更安全的空间。它让我们对自己的看法更加自由。正如邓巴所说："笑会降低自我关注，而这反过来又会降低人们对自己所透露信息的私密程度的关注。"自然而然地，当我们能够进行非传统思考时，最好的想法就会冒出来，因为我们不会同时担心他人的看法。艾米·埃德蒙森研究的那些手术室中，但凡具备心理安全环境的人们，都提出了明智的建议。比如有位护士主张使用一个被遗忘已久的设备，成功地解决了新心脏手术程序带来的挑战。

喜剧中心《每日秀》的主持人特雷弗·诺亚曾被要求解释笑对其团队创作过程的重要性。

"当我去某个编剧的办公室时，"他回答道，"我是为了去寻找那天我们在节目中要做的内容……我认为，笑对于我们人类的感染力，就如同二手烟对织物一样无孔不入。"

当我们的团队感到心情舒适，当我们有了滋养积极情绪的环境，当我们实现了心理安全时，就是我们最好的想法喷涌之时。那一刻，赛艇队队员们可以直抒己见，护士们可以向外科医生提出建议，研究小组的成员们可以放下警惕分享各自的真实生活。笑并非是一种奢侈品——它既是激情的成因，也是激情的产物。

当我们的团队感到心情舒适，当我们的积极情绪有了滋养的环境，当我们实现了心理安全时，就是我们最好的想法喷涌之时。

有时候，在一个群体中释放笑声的秘诀是找到能够催化笑声的古怪分子。

记住，笑能为积极情绪和心理安全创造条件，而这两者对激发激情至关重要。

爱上你工作的地方

在推特伦敦办事处设立一年左右的时间里，发生了一些事情，这些事情改变了我们所有人。

那一周，我们的团队为病重的同事织了一条大毛毯

我们的团队规模虽小，但发展迅速。我们在大蒂奇菲尔德街一间常年失修的办公室办公，软件工程师、销售人员和营销人员挤在一个空间里，工作环境与人们可能会联想到的那些气派的硅谷初创企业完全不能同日而语。

和其他团队一样，我们从 6 个人开始，然后成长到 20 人，再然后上升到 40 人，但我们仍有那种与团队中每个人都有个人联系的

感觉。我们都感觉大家在朝着同一个方向努力。我们所有人每周都会去几次当地的酒吧。

我们团队的积极性和决心显而易见。一切都很顺利。我们实现了爆发式的客户增长和超高的广告收入，尽管我们周围的环境杂乱不堪。时任销售主管、现任英国公司董事总经理的达拉·纳斯尔选择了办公室里最差的办公桌，其工作台的面积类似一个茶盘大小，部分空间还被一根石柱分割开来，空间结构太差，以至于他根本坐不下来打字。

这是一个象征性的选择：如果他坐的是一个连腿都伸不直的位子，其他人就没法跑来抱怨自己的位子看不到窗外的风景了。结果确实没有任何人抱怨。一切顺利。

但在夏末的一天，我们深爱的营销经理露西·莫斯利发了一封病假邮件。露西是我们小团队里的仿生学专家。她从不声称自己拥有超凡的想象力和创造力。相反，她默默地扮演着最好奇的角色，不断地鼓动同事们思考。"你觉得怎么样？你对这事怎么看？"她最大的本领在于对别人的想法有着敏锐的兴趣。她每天都要大浪淘沙，寻找金点子。

在医生的建议下，露西做了一个小手术，然后她又在办公室同事的集体坚持下休息了一个月后才逐渐开始恢复工作。再后来，在一个周五的午餐时间，露西小心翼翼地关掉了笔记本电脑，悄悄回了家。我们大多数人再也没见过她。

那个星期天早上我接到了一个电话。露西被诊断出患有一种侵略性癌症，已经扩散至全身。她在住院，很可能只剩几天的生命了。

第四阶段癌症无比残酷。癌症患者可能会不断地被提醒其他人是如何战胜疾病的，以及最大的秘诀就是"永不放弃"。但对于像露西这样的患者来说，他们所谓的力量，就是在意识到自己生病之前已经走了很长的一段路。她已没有时间去抗争，因为癌细胞已无处不在。那种绝无商量的境地，让诊断的冰冷无情又增加了几分。

露西住的医院病房有严格的规定：不允许出现鲜花，因为有花粉过敏风险；不允许出现含糖食品，因为糖会滋养癌细胞。露西的未婚夫因为非常希望露西摆脱每天的压力，所以他要求人们不要发短信、发推特或者去探视。这种情况下，你该如何在不违反规则的前提下向对方传达爱的信息？

正当我们忙着处理办公室墙绘的善后工作时，一位机灵的同事林赛建议，我们可以给露西织一条大毛毯。这是一个绝妙的主意，除了一个缺点——我们是一群都不会织毛线的成年人。但我们决心不让这小小的顾虑妨碍我们的计划。那个周一下班后，我们匆忙地安排了编织课，每个人都承诺至少要织上二十排。与时间赛跑的工作开始了。

这件由大家一起创作的作品在织针的咔嚓咔嚓声中渐渐成型，婴儿般柔软的毛线交织成了一张结实的毯子。这感觉就像我们在编咒语。我们梦想着每一针都能帮助我们所爱的人康复。令人兴奋的是，几天之内，我们这群没有上过正规编织课的菜鸟竟织出了一张 8 英尺（1 英尺 =30.48 厘米）高的毯子！这件事可能没有让我们赢得任何奖励，但散发着深情的关爱（图 4）。

我们把毯子紧急干洗好并装箱，另外附上了一部漂亮的笔记本，

Bruce Daisley
@brucedaisley

Today's meetings have featured knitting. Lots of knitting.

6:36 PM - 14 Oct 2013

1 Retweet 11 Likes

♡ 3   ↻ 1   ♡ 11

图 4　我的推文（2013 年 10 月 14 日）

今天的会议内容是编织，大量地编织

上面贴满了照片、写满了留言。此时我们也正好接到电话，说露西的战斗即将结束。带着满脑子愚蠢的希望，同时也带着我们的信息能否及时送达的不确定性，我们把毯子快递到了她所在的收容处（当时她已离开医院返回家中）。从早上等到下午，从下午等到晚上。当晚 7 点刚过，露西给我们发了一条消息，这是她几周来的第一条推文（图 5）。

那天晚上，如果同事们的感受都像我一样，那我们大家应该都是悲喜交集。我们也许不能陪伴露西，但露西感受到了我们的爱，她身上裹着我们在业余时间编织的毛毯，我们深感欣慰。

图 5　露西的推文（2013 年 10 月 21 日）

露西·莫斯利 @ LucyCDMosley
与我的@推特英国 @推特毯子 保持亲密关系
#爱上你工作的地方

用话题标签 #唤醒吧! 职场多巴胺 分享你的故事

我之所以想和大家分享这个故事，是因为觉得露西用的 # 爱上你
工作的地方（#LoveWhereYouWork）的话题标签，为我们发起了一
场运动。和所有公司一样，我们的同事肯定有过这样的时刻，觉得
"推特英国"是一个真正令人愉快的工作场所，于是大家在发推文时
都会用上露西的那个话题标签来分享自己的感受（图 6）。

Bruce Daisley
@brucedaisley

When you're reminded that you work with the best people in the world... Our week's work for someone we truly love.

6:58 PM - 18 Oct 2013

6 Retweets 66 Likes

图 6 我的推文（2013 年 10 月 18 日）

当你被提醒和世界上最好的人在一起工作时……
这就是我们这一周为我们真切爱着的人所做的工作

当人们问他们的朋友在推特工作是什么感觉时，同事们肯定会回答："你可以上推特搜索一下 **# 爱上你工作的地方** 话题。"当然这也已经成为我们经常不得不证明的一件事：有记者听说我们办公室里挂满了表达集体感情的标语时，他们有时也会怀疑。这可以理解。因为这一切都可以很轻易地被解释为企业的精神控制计划，而非自发的凝聚力活动的部分表现。没在推特工作过的人经常会问"这玩意儿到底是什么"，那么他们也应该清楚：这玩意儿从来就不是用来当徽章戴的。

如今，假如你点击 **# 爱上你工作的地方** 标签，你会发现很多琐碎的事情。也许是推特办公室的某个人为同事们泡了杯咖啡，他们为此互相调侃。也许是发生了一些更特别的事情，比如，某个团队为了帮助当地的孩子而放弃了夜晚的休闲时光。

对我来说，它也变成了别具意义的东西。#爱上你工作的地方已经成了我必须达到的标准。它提醒我，身为老板，我有责任帮助员工创造条件，让人们能够尽自己最大努力做好工作，以使人们在周五傍晚满心自豪地下班，并能够问心无愧地说"我爱我的工作场所"。自露西发那条推文以来，我有好几次都觉得我的同事们好像不喜欢自己的工作：他们一脸严肃，下班出门时脚步沉重。但即便不能始终有成就感，但我永远都有责任感。

每个人都想做自己引以为豪的工作。我们都喜欢和同事一起欢笑所带来的愉悦感。通过我的播客，通过这本书，通过我在推特和领英上与人们进行的愉快讨论，我试图探索改善我们工作的秘密。我很高兴能找到证据，让那些说午休时间是留给无能的人的，或者认为工作场所应该充满恐惧和焦虑而不该聊天和欢笑的家伙们闭嘴。可悲的是，如此多的证据往往都隐藏在专业出版物和研究论文中。而我现在所做的就是将这些证据分享给大家。

我列出了30项建议，我希望你至少尝试其中的几项，你绝对会重新开始享受工作的乐趣！如果你真的如愿以偿了，欢迎在社交媒体带上话题标签 #爱上你工作的地方 和话题标签 #唤醒吧！职场多巴胺，将你通过本书收获的快乐分享给更多的人。

THE JOY OF WORK

致　谢

THE JOY OF WORK

这本书能顺利完成，我需要感谢几个人的支持。

图拉、比利和卡罗尔给我带来了家的欢乐。

我的家人一直都知道，笑会让你在身处逆境时感觉好一些，我很感激我的妈妈和乔，在我写作时他们总是在我身边时不时地坏笑。我爱我的爸爸和奶奶。

非常感谢鼓舞人心的苏·托德和我一起合作了《新工作宣言》。和我一样，她也非常强烈地感觉了现代职场中的种种不合理现象，且她也和我一样对没人为此发声而感到失望。

对马特·彭宁顿，我的谢意实在多得难以表达。我常常觉得他是唯一听我播客的人，他对本书初稿的评论是无价之宝。他是一个不可思议的朋友。

感谢奈杰尔·威尔科克森和企鹅兰登书屋的团队，令这项工作进行得如此愉快。奈杰尔一直在英雄般地支持我，感谢他让这本书编辑过程毫无心累之感。

最后，感谢所有过去和现在给我的工作带来快乐的人。今天，和雷哈娜、丽贝卡和达拉一起工作与欢笑一直是我在推特上的生活亮点，当然，它是工作对我最好的赐予。

《流程！》

扫码购书

[美] 迈克·帕顿

丽莎·冈萨雷斯 著

张弘宇 刘寅龙 译

定价：69.80元

适合成长型组织的可视化流程落地执行计划
助业务停滞的企业3年收入持续增长80%

许多人错误地认为，在整个组织中灌输流程会抑制自由。可是，当你被困在日复一日的救火和收拾残局中时，你的热情就会变成挫败感，而摆脱困境的秘诀在于"建立强大的流程"。

薄弱的流程会造成管理内耗、人员依赖、业务增长放缓甚至停止，隐性成本不断累积。而强大的流程则能帮助企业突破瓶颈，持续增值，吸引更优秀的人才，从容应对产业升级与转型。

要想落地强大的流程，你需要：

首先，破除流程管理的3大认知误区；

其次，三步骤流程记录工具和FBA核对清单；

最后，利用可视化处理，流程系统无缝嵌入企业和组织。

海派阅读
GRAND CHINA

**READING
YOUR LIFE**

人与知识的美好链接

20 年来，中资海派陪伴数百万读者在阅读中收获更好的事业、更多的财富、更美满的生活和更和谐的人际关系，拓展读者的视界，见证读者的成长和进步。

现在，我们可以通过电子书（微信读书、掌阅、今日头条、得到、当当云阅读、Kindle 等平台），有声书（喜马拉雅等平台），视频解读和线上线下读书会等更多方式，满足不同场景的读者体验。

关注微信公众号"**海派阅读**"，随时了解更多更全的图书及活动资讯，获取更多优惠惊喜。你还可以将阅读需求和建议告诉我们，认识更多志同道合的书友。让派酱陪伴读者们一起成长。

微信搜一搜　🔍 海派阅读

了解更多图书资讯，请扫描封底下方二维码，加入"中资书院"。

也可以通过以下方式与我们取得联系：

📱 采购热线：18926056206 / 18926056062　　📞 服务热线：0755-25970306

✉ 投稿请至：szmiss@126.com　　🎙 新浪微博：中资海派图书

更 多 精 彩 请 访 问 中 资 海 派 官 网　　www.hpbook.com.cn ▷